いちばんよくわかる！
トイ・プードルの
飼い方・暮らし方

JN027085

成美堂出版

トイプーと楽しく暮らす

5つの コヅ

陽気な
性格♪

ぬいぐるみのような愛らしさで、
みんな大好きになってしまう
かわいいトイ・プードル。
プーとの毎日が、もっと楽しくなる
5つのコツを紹介します。

頭脳明晰！

コヅ 1

個性を理解すると
なかよくなれる

トイ・プードルならではの特徴もあれば、
それぞれの個性もあります。天真らんま
んで活発だったり、甘えん坊だったり。
プーの特徴と個性を大事にすると、もっ
となかよくなれます。

犬種は同じでも、個性
はさまざまです。それ
ぞれの子に合った接し
方をすることでしつけ
もスムーズにいきます。

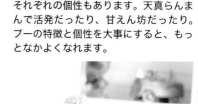

2

ボール♡

カフェでは、足元のマットで「フセ」して待つのが理想形。トレーニングできていると、気軽に利用できます。

コツ2
"プートレ"と遊びで信頼感UP♪

人との共同作業が大好きなトイプー。だからこそ、その特性を生かした基本的なトレーニング「プートレ」で、遊びも交えて一緒に楽しい時間を過ごしましょう。

オスワリ完ぺき！

トイプーは、「引っぱりっこ」や「モッテコイ」の遊びが大好き。たくさん遊んであげましょう。

一緒に遊んで！

3

お散歩
ラブ♡

戸外では、トイプーも躍動感のある姿を見せてくれます。

毎日の散歩で
リフレッシュ

トイ・プードルは小型犬の中でも活動的で、戸外で過ごすのが大好きです。散歩は本能を刺激し、気分転換にもなります。飼い主さんもリフレッシュできるので、ぜひ毎日出かけましょう。

走ったり、さまざまなにおいをかいだり。お散歩はブーが喜ぶ刺激がいっぱいです。

雨の日は
レインウエア

お行儀
いいの

コツ4
合った食事で
健康を守る

健康を守るベースは、毎日の食事です。年齢や体調に合った、栄養バランスのいいドッグフードをあげましょう。しつけのごほうびも、上手に使えばプーの楽しみになります。

ドッグカフェでは、ワンコの健康に配慮した専用メニューを食べられるところもあります。

たまには
手づくりも

早食いのプーには、おすすめの早食い防止食器があります。

カフェご飯
おいしい♡

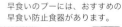

早く
食べたい!

幸せ……

ゆったりとした気持ちで犬にふれると、
飼い主さんもプーも幸せな気持ちに浸れます。

コツ5
お手入れで
快適さを保つ

快適に過ごせるよう、毎日お手入れして
あげましょう。清潔や被毛の美しさを保
つだけでなく、毎日ふれることで絆が強
まり、健康チェックもできます。

最高の
モフモフ感

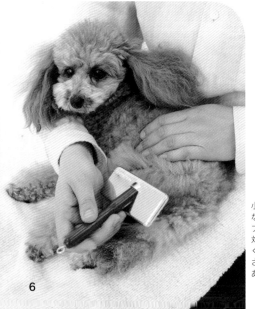

トイプーは、月に1回
程度のトリミングが必
要な犬種です。カット
スタイルを選ぶのも、
プーを飼う楽しみの
ひとつ！

小さいうちから
ならすことで、
ブラッシングに
対する抵抗はな
くなります。や
さしくとかして
あげましょう。

大事な家族♪
プーとの幸せな暮らしを始めましょう

　モフモフの毛並みにつぶらな瞳。活発だけど甘えん坊なトイ・プードルは、魅力いっぱいのコンパニオンアニマルです。かしこくてしつけやすく、抜け毛がほとんどなく飼いやすいのも人気の秘密でしょう。

　同じトイプーでも、性格はその子によってさまざまです。人とプーが幸せに暮らすには、まずトイプーならではの特徴を知った上で、個性を大切にすることが重要です。理解して接すれば、必ず期待以上のすてきな時間をプーは与えてくれます。

　健康に暮らせるよう、毎日お散歩に出かけ、栄養バランスのいい食事を与えましょう。トイプーの本能を刺激し、飼い主さんとの絆を深めるには、基本のしつけやトレーニングをするほか、「ノーズワーク」などの遊びもたくさんしてあげるといいでしょう。

　トイプーとの幸せな時間のために、ぜひこの本を役立ててくださいね。

いちばんよくわかる！
トイ・プードルの飼い方・暮らし方
もくじ

トイプーと楽しく暮らす5つのコツ

Part1 かわいさ満点♡ トイ・プードルの魅力

Part 2 トイ・プードルを迎える準備

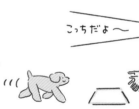

Part 3 プー・ライフをスムーズに始めるコツ

こっちだよ～

Part4 プーと楽しく暮らすために

Part5 トレーニングと遊び

Part6 散歩とお出かけ

ストップ

Part7 体をはぐくむ食事の3原則

Part8 お手入れで快適さを保つ

Part9 健康を守るコツ

Part **1** かわいさ満点♡
トイ・プードルの魅力

トイ・プードルが人気の
4つの**理由**

「犬と暮らしたいな」と思って外を歩くと、
トイ・プードルの多さに気づきます。
大人気の秘密は何でしょうか?

トイ・プードルは
表情豊か。
愛くるしい一瞬に
目が離せません。

理由
1

とにかくかわいい!

　くるんとカールした巻き毛が特徴で、手ざわりも見た目もモコモコ、フワフワ。トイ・プードルは、なによりそのかわいらしさが人気の秘密です。くまのぬいぐるみのようなテディベアカットをはじめ、さまざまなカットを楽しめるのもトイプーならでは!

理由
2

かしこくて、しつけやすい

　もともとトイ・プードルは水鳥を狩る鳥猟犬として活躍していたため、とてもかしこく飼い主さんに従順です。トイレなどのしつけも比較的早く覚え、初心者でも飼いやすいのが魅力です。

"遊んで♡"と、
目で飼い主さんに問いかけてきます

理由 3

一緒にたくさん遊べる

トイ・プードルは好奇心旺盛で人なつこく、人間と遊ぶのが大好きです。ボール投げや引っぱりっこなどに誘うと、ワクワクした目で飼い主さんを見つめ返してくれるでしょう。たくさん一緒に遊んで、楽しい時間を過ごせます。

ワンコの人気ランキング

\ No.1！/

日本の犬種標準を指定しているジャパンケネルクラブ（JKC）の調査によると、2008年から2022年までの14年間（2023年現在）、犬種登録数No.1はトイ・プードル！　日本でいちばん人気の犬種といっていいでしょう。

この人気はまだまだ続きそうです。

理由 4

抜け毛が少ない

トイ・プードルの被毛は季節で生え変わるタイプではないため、抜け毛が少なく室内飼いに適しています。ソファや洋服が毛だらけになることはほぼなく、お掃除も楽です。

ボクたち
お行儀いい
でしょ♡

トイプーとの暮らしで得られる幸せ

信頼できるパートナーができる

　スタンダード・プードルから愛玩犬として改良されていったトイプーは、賢く、飼い主さんを心から信頼してくれます。一緒に暮らす時間が長くなるほど絆は深まり、かけがえのないパートナーになってくれるでしょう。

たっぷりの愛情がもらえる

　トイプーは、飼い主さんが大好きです。甘えん坊な性格の子が多く、そばにいることを好み、惜しみない愛情を与えてくれるでしょう。ほんの少し離れただけでも、再会すると大喜びします。自分を必要としてくれる無垢な存在は、毎日を幸せで満たしてくれます。

トイプーが飼い主さんに向ける目はまっすぐ。信頼に応えたい、と自然に思えてしまいます。

いつでも"大好き！"を示してくれるトイプー。たまらない幸福感を運んでくれます。

一緒にいるといやされる

　トイプーは飼い主さんの気持ちに敏感です。飼い主さんがうれしいときは一緒にうれしそうにし、悲しいときはそっと寄り添ってくれます。ふれあうと、人からも犬からも幸せホルモンと呼ばれるオキシトシンが分泌され、おたがい幸せな気分になります。

トイ・プードルが飼い主にくれること

　トイ・プードルの魅力はまだまだいっぱい。いつも精一杯生きる姿に励まされ、勇気をもらえます。寄り添ってくれるやさしさに自分自身もやさしくなり、犬を守る責任感も生まれます。毎日の散歩で健康になり、トイプーを通じて新たな人間関係も広がるでしょう。

ストレスの軽減

安心感

やさしさ

責任感

勇気

仲間

健康的な生活

トイ・プードルって どんな犬？

かしこく、人なつこく、遊ぶのが好き

　クルふわの巻き毛がかわいいトイ・プードル。テディベアカットは日本では絶大な人気があります。見た目はキュートですが、鳥猟犬として使われていた歴史があり、かしこくて人なつこい性格です。また小型犬の中でも、比較的運動量が多いのが特徴です。

　しつけしやすく、飼いやすい犬種で、散歩や運動も好きです。こうした特性を理解して飼うことが大切です。

トイ・プードル
体高●24（−1cmまでOK）
　　　〜28cm

ミニチュア・プードル
体高●28〜35cm

ミディアム・プードル
体高●35〜45cm

スタンダード・プードル
体高●45〜60cm
（＋2cmまでOK）

もとはフランス貴族に大モテの鳥猟犬

　トイ・プードルのルーツは、スタンダード・プードルです。紀元30年ごろのローマの記念碑にプードルらしい犬が彫られており、起源は東ドイツともロシアともいわれています。

　16世紀ごろには猟で狩った鳥を回収する鳥猟犬として活躍し、かしこさや愛らしさから、フランスの貴婦人に大人気になりました。やがて女性でも飼いやすいよう小型化が進み、ミニチュア・プードルを経て、18世紀後半にトイ・プードルが生み出されました。

トイ・プードルのスタンダードって？

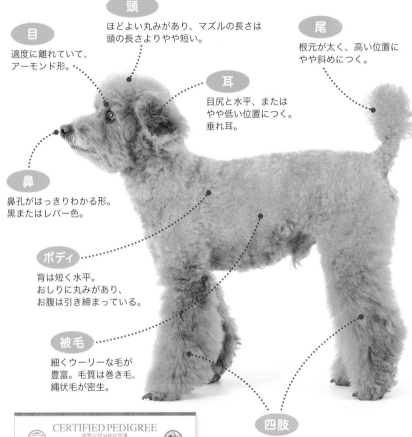

頭
ほどよい丸みがあり、マズルの長さは
頭の長さよりやや短い。

目
適度に離れていて、
アーモンド形。

耳
目尻と水平、または
やや低い位置につく。
垂れ耳。

尾
根元が太く、高い位置に
やや斜めにつく。

鼻
鼻孔がはっきりわかる形。
黒またはレバー色。

ボディ
背は短く水平。
おしりに丸みがあり、
お腹は引き締まっている。

被毛
細くウーリーな毛が
豊富。毛質は巻き毛、
縄状毛が密生。

四肢
筋肉が発達している。
前足はひじから
まっすぐに伸びる。

血統書のこと

血統書は、三代前まで同一犬種だった
ことが証明されたうえで発行される、純
粋犬種の証です。正式な犬名と犬種とと
もに、登録番号、マイクロチップ番号、
性別、毛色、生年月日、父親の血統、母
親の血統、兄弟犬の数などが記されます。

19

カラー・バリエーションを チェック

黒系、茶系などカラーは豊富

　トイ・プードルの被毛にはさまざまな色があり、全身同じ色の単色がよいとされています。
　ブラック、ホワイト、ブルー、グレー、ブラウン、アプリコット、クリーム、レッドなどがあります。また同色内での濃淡がみられます。

ブラック ◆ Black

プードルの基本カラーで、目、鼻、爪まで全身真っ黒です。成長するにつれ、退色したり白い毛が出ることもあります。

ホワイト ◆ White

ブラックと並び、プードルの基本カラーのひとつ。ふんわりした巻き毛は気品があります。涙やけや体の汚れが目立ちやすいので、ケアはこまめに。

グレー ◆ Grey

子犬のころはブラックに近いですが、成長するにつれ黒に近いグレー〜薄めのシルバーになります。クールな見た目で、個性的なカットも似合います。

レッド ◆ Red
（**レッド・フォーン** ◆ Red Fawn）

赤みのある明るいブラウン系で、テ
ディベアカットがよく似合う人気カ
ラーです。退色すると、アプリコッ
トのような色合いになります。

アプリコット ◆ Apricot
（**オレンジ・フォーン** ◆ Orange Fawn）

淡くやさしい色合いで、こちらもテ
ディベアカットが似合います。ほかの
カラーより毛質はやわらかで細いため、
ていねいなブラッシングが必要です。

Point!

成長とともに色も変化

トイ・プードルの毛色は
全般的に子犬のうちがいち
ばん濃く、成長とともに薄
くなることが多いようです。
レッドはオレンジのように
なったり、ブラックは白い
差し毛が交ざりシルバーに
近くなったりします。

退色してもそれは成長に
伴う変化です。魅力的なそ
の子の個性を、見守ってあ
げましょう。

パーティカラーとは

プードルは単色がよしと
されていますが、2色以上
の毛色が出る子はパーティ
カラー（particolor）など
と呼ばれます。スタンダー
ドの基準からははずれてい
るのでミスカラーともいわ
れます。

貴婦人の犬から
　　愛されテディに

理由がある
伝統のカット

　プードルといえば、以前はコンチネンタル・クリップと呼ばれるカットが主流でした。顔と腰まわりは短く刈り込み、一方で胸まわりと四肢はぶ厚くポンポン状に残す独特のスタイルです。

　このカットが生まれたのはフランスの貴婦人の寵愛を受けた17世紀ごろ。当時、プードルは水鳥回収で水に入ることが少なくありませんでした。そのため水中でも動きやすく、乾きやすく、でも心臓や関節は保温しようとこのスタイルになったのです。

コンチネンタル・クリップ。ドッグショーのプードルは、今もこのスタイルで競っています。

日本で生まれたテディベアカット。ぬいぐるみのようなかわいさで、トイ・プードルが大人気になりました。

テディになって
日本で人気に

　日本でトイ・プードルが人気になったのは、日本のある店が行った「パンダカット」がきっかけでした。顔は剃らず輪郭をだ円にし、耳を丸っこくした愛らしいカットは評判を呼び、それに似たテディベアカットが一気に増えることになります。

　それまでプードルのカラーといえば白と黒が主流でしたが、2000年代にはテディベアカットがぴったりのレッドが人気カラーになりました。

まだ変わる？ カットスタイル

巻き毛のトイ・プードルだからこそいろいろなカットが自在で、テディのアレンジやさらにフワモコのカットが考案されてきました（→ p.170）。

トイ・プードルならではの、いろいろなスタイルを楽しむのもいいでしょう。

スタイルの一例

▲2009 年〜パンダカットに似ただ円の顔が特徴

▲2009 年〜耳の位置は高く、顔は丸く。服を着せるためにボディは短く、足は太めに

▲2010 年〜耳にインパクトを与えるため、顔は小さめに

◀2010 年〜ビションフリーゼ風カットが登場

◀2012 年〜耳と顔をつなげたカット。マズルは小さく、下あごは逆三角形に。

体型には系統がある

トイ・プードルの体型には、系統があります。スタンダードはフランスの標準をもとに決められていて、骨太でしっかりした骨格をしている子はヨーロピアンタイプといいます。

一方、アメリカでは愛玩犬（トイドッグ）として人気が高まり、かわいく見える小柄なトイプーが流行しました。アメリカンタイプといい、日本には両方のタイプのトイ・プードルがいます。

トイ・プードルが感じる世界

嗅覚と聴覚が発達

トイ・プードルにも、人と同じように視覚、聴覚、嗅覚、味覚、触覚の五感があります。人は視覚に頼ることが多いですが、トイ・プードルにかぎらず犬が特に発達しているのは嗅覚と聴覚です。野生だったころは少しでも早くにおいと音で外敵を察知したり、獲物を見つけたりしなくてはいけなかったためでしょう。

嗅覚 かぎ分け力は人の数千〜1億倍！

犬はにおいを捉える器官の面積が人より広く、嗅細胞の数も多くなっています。においの情報を処理する脳の部位は発達し、人の数千〜1億倍をかぎ分けられるといわれています。

味覚 甘いものラブ♡

味を感じる味蕾（みらい）の数は人より少ないものの、「甘味」「苦味」「塩味」「旨味」などの違いがわかります。好きなのは甘味ですが、腐敗したような酸味も好きなのは、野生のころ食べ残しを埋めて保存した名残かもしれません。苦味と濃い塩味は苦手です。

触覚 ひげや足先は敏感

ひげと口のまわりから鼻先にかけてのマズル、足先は非常に敏感です。特にひげは根元に感覚受容器が多く、空気の流れや障害物にも気づきます。
一方で痛み、熱さ、冷たさには人より鈍感ですが、かゆみには敏感なようです。

視覚 視力はよくないが
視野は広め

　犬の視神経の繊維数は人より少なく、視力は 0.2 〜 0.3 ほどと考えられています。

　その代わり、目の位置が左右やや離れてついているため視野は 250 〜 270 度と広め。人の約 180 度に対し、犬は広範囲を見るのが得意なのです。動体視力にすぐれ、動くものは遠くでもよく見えます。

●暗い場所は得意、色の識別は苦手

　犬の目には、「タペタム」という光を増幅させる鏡のような細胞層があります。そのため、暗闇は得意で、人の 5 倍ほどは見えているようです。一方で、色の識別は苦手。暖色系は黄色っぽく、寒色系は青っぽい色に見えます。

聴覚 人はわからない
高音域もキャッチ

　犬に聞こえる音の周波数は 65 〜 50,000 ヘルツほど。人は 16 〜 20,000 ヘルツほどなので、人より高音がよく聞こえます。遠くの音にも敏感で、1 キロ先の音も聞こえるといわれています。

　聴覚にすぐれるためか、花火や雷など響く音や金属音は苦手。家の外で聞こえる人や犬、猫の声にも敏感で警戒します。

ここに注意

五感の特性からわかる苦手なこと、気をつけたいこと

におい
タバコ、アルコール、虫よけスプレーなど人工的なにおいは苦手！　刺激も強いので、なるべくかがせないで。

味
甘い味、濃い味が好きですが、食べすぎると健康に悪影響が。肥満にもなりやすいので気をつけて。

音
少し高めの声が好き。逆に食器を落とす、ドアを強く閉めるなどの衝撃音や、雷や花火など、苦手な音はなるべく避ける配慮を。

熱さ、冷たさ
真夏のアスファルトや砂浜は、やけどの心配が。冬はストーブの前にいすぎて低温やけどしないよう注意を。

トイ・プードルの体はどうなっているの？

人と違う点を知っておこう

よく動くシッポやフワフワの毛など、トイ・プードルの体の特徴を知っておきましょう。体調の変化や、気分を知る助けになります。

目

プードルの標準の目の形はアーモンド形ですが、丸っこい子もいます。目の色は黒がほとんど。まれにブルーやブラウンも見かけます。

鼻

呼吸をしたり、においをかぐだけでなく、フェロモンを感知する器官も備えています。においを吸着するため、鼻先は通常湿っているのが特徴です。色は黒、こげ茶、茶色、薄い茶色などさまざまです。

耳

垂れ耳で、外耳道には異物の侵入を防ぐため毛が生えています。耳はよく動き、興奮すると持ち上がる、弱気のときは下がるなど気分を知るサインにもなります。

被毛

毛は1層のみのシングルコートです。換毛期がなく、あまり抜けません。硬めの巻き毛なのでからんで毛玉ができやすく、ブラッシングのお手入れが大切になります。

足

トイ・プードルは活発でよくジャンプしますが、膝蓋骨脱臼を起こしやすいので注意が必要です。コラーゲン繊維や脂肪でできている肉球は、弾力があり、クッションの役割をします。

シッポ

中心に尾椎があり、周囲に多くの筋肉と神経がありよく動きます。体のバランスをとり、動かし方で意思を伝えます。かつては生まれて間もなく断尾されることが多かったですが、動物福祉の考えから、近年では断尾は少なくなりました。

体力・運動量

トイ・プードルはもともと狩りの手伝いをしていたため、小型犬でも運動量があります。活発でボール遊びなども好きで、機敏に動きます。毎日お散歩に行かないと、ストレスがたまるので気をつけましょう。

皮膚

鳥猟犬として水に入ることを目的に改良されたので、皮膚は皮脂が多く水をはじきやすい性質があります。角質層の厚さは人の1/3ほどで、乾燥や強い刺激は不得意です。

汗腺は肉球にしかなく、汗で放熱できないので体温調節は苦手。pHは中性〜弱アルカリ性なので、弱酸性である人用のせっけんやシャンプーは向きません。

消化器官

哺乳類の中でも最も短いといわれていて、食べてから12〜24時間で排泄します。人が24〜72時間かかるのに対し、短時間で消化できるのが特徴です。

唾液に消化酵素は含まれないので、ほとんどかまずに丸飲みしても消化にほぼ影響しません。

体温

犬の平熱は人より2度ほど高く、38〜39度ほど。体が小さかったり、年齢が低かったりするほうが体温は高くなる傾向があるようです。また1日の中では、朝がいちばん低く、夕方が高いといわれています。

歯

人の永久歯は32本ですが、犬は42本。乳歯は28本で、生後5カ月ごろに生え変わります。人と同様に、切歯、犬歯、臼歯がありますが、臼のような形の歯はなく、すべてとがっています。

肛門腺

肛門の両脇にある、袋状の分泌腺が肛門腺です。においの強い分泌液が出て、相手の識別やマーキングに使われます。

通常は、分泌液は排便時に一緒に排泄されます。たまると炎症が起きるので、なかなか出ないときはトリミング時などに肛門腺を絞ってもらいます。

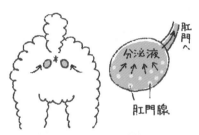

校門腺は矢印の方向に絞ります。

愛しいからずっと見守りたい
成長カレンダー

トイプーの1年は人の4年分

トイ・プードルの成長は人と比べてとても早く、生後約1年で成犬の体つきになります。生後3カ月で人の5歳、1年で育ち盛りの17歳ぐらいになると考えていいでしょう。

3歳以降は、1年で人の約4年分歳を重ねていきます。平均寿命は14〜15歳ぐらい。人より短い一生を、楽しく、心地よく暮らせるようお世話してあげましょう。

トイ・プードル	人
1カ月	1歳
2カ月	3歳
3カ月	5歳
6カ月	9歳
1歳	17歳
2歳	23歳
3歳	28歳
4歳	32歳
5歳	36歳
6歳	40歳
7歳	44歳
8歳	48歳
9歳	52歳
10歳	56歳
11歳	60歳
12歳	64歳
13歳	68歳
14歳	72歳
15歳	76歳
16歳	80歳

1
母犬や兄弟犬といる
新生児〜移行期
生後2カ月まで

生後2週間までの新生児期は、ほとんど眠って過ごします。母犬が母乳を与え、排泄の世話をします。

3週間以降の移行期になると、目が見え、耳も聞こえるようになり、兄弟と遊びはじめます。母犬や兄弟犬とコミュニケーションをとることで、気持ちが安定します。

2
好奇心いっぱいの
社会化期
生後2〜3カ月ごろ

走ったり、じゃれあったりと活発になり、いろいろなものに興味を示します。「社会化期」といい、新しい経験を積むのにぴったりの時期です。

生後56日を過ぎると子犬の展示・販売が可能になります。飼い主さんと出会うのはこのころです。

好奇心
いっぱい

3
性格ができてくる
若齢期
生後3〜6カ月ごろ

トイ・プードルの性格は「社会化期で基礎ができ、若齢期でできあがる」といわれています。とはいえ若齢期もまだ順応性は高く、いろいろな刺激を受け止めます。積極的にほかの犬や人とふれあい、新たな環境にならしましょう。お散歩デビューするのもこのころです。

↓

4
性の特徴も現れる
青年期
生後6カ月〜1歳半ごろ

1歳ごろには成犬の体格に。生後6カ月〜1歳ごろには性成熟期を迎えます。オスはマウンティングしたり、片足を上げたおしっこを始め、メスは8〜10カ月ごろに初めての発情があります。1歳半くらいで、繁殖が可能になります。

↓

5
もっとも活動的な
成犬期
1歳半〜7歳ごろ

成犬として、活動的になる期間です。心身ともに落ち着き、一般的に病気も少なく健康に過ごせます。

3歳ごろから社会的な成熟期を迎え、人との暮らしの中で起きるさまざまな物事に自分なりの理解を深めます。

↓

元気ざかり

6
体調を気づかいたい
老犬期
7歳以降

7〜8歳になると、シニアのなかま入りです。個体差はありますが、だんだん寝ている時間が長くなります。毛量が減ったり、皮膚が荒れやすくなったり、白内障や心臓病など病気も増えてきます。健康状態を気づかい、体力に合った食事と暮らしをさせてあげましょう。

のんびり
シニア

守ってあげるために
予防接種を受けよう

1歳未満に混合ワクチンを3回接種

　子犬は、母犬の初乳を通じて免疫をもらいます。ただ、初乳の免疫はだんだん減ってきます。病気から守るため、予防接種を受けさせてあげましょう。

　最初に受けるのは数種の病気を防ぐ混合ワクチンで、生後2カ月ごろに1回目、その3〜4週間後に2回目、また同期間あけて3回目を打ちます。

　1〜2回目はブリーダーやペットショップで受けることが多いので、ワンコを購入したら接種日を聞き、証明書をもらいましょう。残りのワクチンは、推奨されるタイミングで接種します。

狂犬病と混合ワクチンを年1回接種

　狂犬病の予防接種は、犬の登録とともに飼い主さんの義務です。混合ワクチンを打ち終えたら、1カ月後に接種しましょう。その後は抗体がなくならないように、定期的に接種します。

　混合ワクチンは5種混合や7種混合などがあります。コアワクチンで防げる病気は致死率が高いため、全ての犬に接種が必要とされています。ノンコアワクチンは生活環境に応じて接種を考慮すべきものです。地域の流行状況等に応じ、何を受けるか医師に相談して決めるといいでしょう。

ワクチンで予防できる病気

義務		狂犬病	狂犬病ウイルスを保有する犬、猫などにかまれたり、引っかかれたりしてできた傷口からウイルスが侵入して感染。意識障害や中枢神経麻痺が起こり、ほとんど死に至る。予防接種は義務。
混合ワクチン	コア（4）	ジステンパー	病犬との接触や空気感染でうつる。高熱、鼻水、嘔吐、下痢のほかケイレンなど神経症状が出て死亡率も高い。
		犬アデノウイルス1型感染症（犬伝染性肝炎）	感染した犬の分泌物や排泄物から感染。主な症状は発熱、下痢、嘔吐、腹痛で、子犬は重症化することも。
		犬アデノウイルス2型感染症（犬伝染性喉頭気管炎）	咳、くしゃみ、鼻水などから飛沫感染する。主な症状は咳で、伝播力が強いので発症したらほかの犬と隔離を。
		犬パルボウイルス感染症	病犬の排泄物や嘔吐物から経口感染。激しい血便や下痢、嘔吐が起き、心筋炎になることも。死亡率が高い。
	ノンコア	犬パラインフルエンザウイルス感染症	咳やくしゃみで感染。犬のケンネルコフ（呼吸器症候群）の原因のひとつで、肺炎を起こし衰弱死することも。
		レプトスピラ感染症	菌をもつ犬やネズミの排泄物で汚染された水や土を口にしたり、傷口に菌が入ったりして感染。肝不全や腎不全で死亡することも。人にもうつる人畜共通感染症。
		犬コロナウイルス感染症	病犬の排泄物をなめるなどして感染。下痢や嘔吐を起こし、脱水になる。子犬は、犬パルボウイルスと複合感染すると重篤になることがある。
ノンコア		ボルデテラ感染症	ボルデテラはケンネルコフの原因菌のひとつ。潜伏期間は2〜6日間で、伝播力が非常に強く、かかると咳が出て、悪化すると肺炎で呼吸困難になることも。

Part **2** トイ・プードルを
迎える準備

家に迎える前にチェックしたい
4つのこと

トイ・プードルを家に迎えるのは、家族が増えるのと同じことです。
ずっと一緒に暮らすための心がまえと準備は整っているか、
再確認しましょう。

ずっと
一緒にいてね

\CHECK/
1

一生
お世話してあげられる？

　フワフワの毛玉のようだった子犬から、どんな犬もやがてシニア犬になります。視力が落ちたり、足も弱るかもしれません。自分自身も引っ越しや転職などで、環境が変わることもあるでしょう。それでも一生、家族としてお世話してあげる心がまえが必要です。

\CHECK/
2

十分な時間、
一緒にいられる？

　犬は本来群れて暮らす動物で、ひとりぼっちを好みません。特にトイ・プードルは飼い主さんと遊ぶのが好きで、十分な時間を過ごせないと、ストレスをためてしまうことも。留守番ばかりにならないか、散歩や遊ぶ時間を十分とってあげられるか、考えてみましょう。

パパと
お散歩大好き
♡

お迎えする前に、
子犬が過ごすサークルや
マットを準備しておきます。

\CHECK/
3

家の環境は整っている?

　家族みんなが、犬を迎えることを了承していますか。お世話は自分でするつもりでも、家族の助けが必要な場面もあるかもしれません。住環境も、犬が快適に、安全に暮らせるかは重要です。すべりやすいフローリングは、関節の負担になるのでマットなどを敷いてあげましょう。

\CHECK/
4

飼育費用をまかなえる?

　最初にそろえるサークルやトイレなどのほか、犬を飼うにはフード代や予防接種代、医療費などがかかります。トイ・プードルは定期的なトリミングが必要で、料金は6,000円〜15,000円ほど。月々の費用をちゃんとまかなえるか、確認しておきましょう。

準備は
OK?

ここに注意

ほかにも
チェックしたいこと

☐ **移動手段はある?**
電車、バス、自家用車など、動物病院やトリミングサロンに行く手段はありますか。

☐ **周辺の環境は?**
安全な散歩ルートを見つけておきましょう。広い公園があると、お散歩がより楽しくなります。

☐ **住居の規約は?**
集合住宅の場合、飼育の規約を確認しておきます。

トイ・プードルは
どこから迎える？

子犬は、ブリーダーやペットショップから購入するのが一般的です。インターネットで探したり、里親募集で迎える方法もあります。

子犬は生後8週ぐらいまで母犬に育てられることで、精神的に安定します。子犬が母犬、兄弟犬とどう過ごしていたか、どこで入手するにしても、できるだけ詳しく教えてもらいましょう。母犬と早く離されると不安感や恐怖心が増し、こわがりになったり、吠えやすくなる傾向があります。

遊ぼうョ♥

まあ
落ち着いて

子犬のころに兄弟犬やほかのワンコと遊んで過ごせる環境にいると、犬同士の社会性が身につきやすくなります。

1 ブリーダーから迎える

メリット

● 親犬の外見、性格がわかる
● 育った環境と履歴が明らか
● 社会性が身につきやすい
● オフ会などに参加できる

トイ・プードルを繁殖させているブリーダーは、インターネットや雑誌などで探せます。人気犬種だけに専門犬舎も多く、ドッグショーに出しているところもあります。気になる子犬や犬舎を見つけたら、問い合わせて見学に行きましょう。

「清潔な環境か？」「気軽に相談できそうか？」などを確認し、信頼できる犬舎を選びましょう。親犬に会え、ふだんの性格や成長後の姿を予測できるのが利点です。

2 里親募集で譲り受ける

メリット

- 保護犬を迎えられる
- 費用を抑えられる
- 子犬だけでなく、幅広い年齢の犬と出会える

元の飼い主さんが何らかの理由で飼い続けられなくなると、ペットは動物愛護センターや保健所、民間の動物愛護団体で保護されます。新しい飼い主さんを探すのが、里親募集です。

犬を保護し、生涯飼育することは社会貢献につながります。保護犬はワクチン代などを負担するだけで譲渡されることが多く、費用は安く抑えられます。子犬から育てるより、落ち着いた年齢の子を探せる利点もあります。

繁殖引退犬や、諸事情で家族と離れることになった犬がいます。お試し期間を設けている団体を利用し、相性を確認してから迎えるといいでしょう。

3 ペットショップから迎える

メリット

- 気軽に子犬を見られる
- 何軒か比較しやすい
- グッズをそろえやすい

ペットショップでは、さまざまなトイ・プードルを気軽に見られます。必要なグッズを一度にそろえられ、疑問点をスタッフに尋ねられる利点もあります。

店によっては母犬と早く離した子犬を販売している場合もあるので、店に来た経緯をよく聞いてみましょう。世話が行き届き、適切なアドバイスをくれる店が安心です。

ここに注意 インターネットでの探し方、買い方

インターネットでは、さまざまなトイ・プードルを探せます。性別や毛色、受け渡しできるエリアなどを入力し、検索できるサイトもあります。

気になる子犬が見つかったら、見学させてもらいましょう。インターネットでの売買も、動物愛護管理法により、対面販売が義務づけられています。

きっと大好きになる
"うちの子" 選びのポイント

ライフスタイルに合っているか確認を

トイ・プードルは、小型犬の中でも運動量が多い犬種です。飼い主さんと遊ぶのも大好き。そんな特性を理解したうえで、自分のライフスタイルにマッチするかを考え、選びましょう。

同じトイ・プードルでも、個性はさまざまです。また毛色が同じでも、顔つきや体つきが違ったり、性格も異なります。

子犬同士が遊ぶ姿を見ると、積極的な子、マイペースな子と性格がわかるかも。

POINT 1
オスとメス、どちらがいい？

オス、メスで、はっきりとした性格の違いはありません。性差はあり、オスはなわばり意識が強く、少量のオシッコをあちこちでするマーキング行動があります。メスは発情期に生理（ヒート）があり、紙オムツでのケアが必要になります。どちらが対処しやすいと思えるか、判断材料のひとつにしてもいいでしょう。

POINT 2
時間をかけて選ぼう

子犬に会ったら、呼んで反応を見てみましょう。走り寄ってくる元気な子もいれば、慎重にソロソロと近寄る子もいるでしょう。

元気に近寄ってくる子は、好奇心旺盛で活発、逆に慎重な子はおとなしめかもしれません。しばらく一緒に遊んでいるうちに、個性が見えてきます。1度で決めず、何回か見学することもおすすめです。

健康状態はいいか

親犬、祖父母犬に病気などはないか、遺伝的な疾患についても確認しておくとよいでしょう。

体全体

元気で、はつらつとしているか。体がひきしまり、抱き上げたときにずっしりと重みがあるか。

目

生き生きと澄んでいて、涙や目やにで汚れていないか。

鼻

鼻水が出ていないか。つやがあり、適度に湿っているか。寝ているときや寝起き以外は、湿っているのがふつう。

耳

内側が汚れていないか。変なにおいはしないか。

口

かみ合わせは問題ないか。口臭はないか。口の中や歯肉はきれいなピンク色をしているか。

被毛

毛並みがよくつやがあるか。皮膚に湿疹などの異常はないか。

おしり

肛門のまわりが汚れていないか。

四肢

骨格がしっかりしているか。不自然な歩き方をしていないか。

ここに注意

第一印象と性格は違うことも

ブリーダーの犬舎やショップでは活発でも、家に迎えると意外に落ち着いていたり、逆におとなしそうな子が元気いっぱいということもあります。第一印象と違うのは、よくあることです。最初のイメージと性格が違うケースもあることを、理解しておきましょう。どんな子でも、"そういう個性がかわいい"、と思えるようになってきます。

飼育グッズを そろえよう

飼育グッズをそろえ、子犬を迎えよう

子犬を迎える前に、家での居場所を決め、必要な飼育グッズをそろえておきましょう。早めに購入してあらかじめ部屋にセットし、環境を整えておきます。

必須グッズをチェック

サークル

新しい環境に慣れるまではスペースが決まっているほうが安心します。側面のみがある囲いがサークルです。成長に合わせて行動範囲を広げられるよう、可動式のものが便利です。

クレート（ハウス）または ケージ

入って眠れるおうちです。中で方向転換できる大きさを選びましょう。ふだんはサークル内に置きますが、持ち運びできるキャリーバッグタイプだと外出時に便利です。これより広い床と天井があるケージなら、あらかじめ、天井もつけておきます。

CHECK しよう！　準備OK？　必要な基本グッズ

- [ ] サークル
- [ ] クレートまたはケージ
- [ ] トイレトレー
- [ ] ペットシーツ
- [ ] フード
- [ ] フード容器
- [ ] 水容器
- [ ] グルーミンググッズ
  （スリッカーブラシ、コームなど）
- [ ] おもちゃ

そろえてね♡

トイレトレー とペットシーツ

家ではトイレトレーに敷いた吸水性のよい
ペットシーツに排泄させます。大きさは、
体の2〜3倍が目安。成長に合わせ、大き
いものに変えていきます。

フード容器

首に負担がかからないよう、角度のあるも
のがおすすめ。高さのある台を使うのもい
いでしょう。

グルーミンググッズ

毎日のブラッシングのため、コーム（上）
やスリッカーブラシ（下）を準備しましょう。
肌を傷めないよう、ブラシは先端が丸いも
のにします。

フード

迎える前に食べていたフードを聞き、最初
は同じものを用意しておくと抵抗なく食べ
られます。食べる量も聞いておきましょう。

水容器

サークル内では、飲みやすい高さにつけら
れるタイプがおすすめです。床に置く容器
もあります。

おもちゃ

サークル内には、かじってもこわれず、飲
み込む心配のない安全なおもちゃを入れて
おきます。かみ心地の異なるものをいくつ
も用意するといいでしょう。

子犬を迎える部屋を整えよう

いる場所を決め、危険なものは片づけて

子犬は家のどこで過ごすのか、迎える前に決めておきましょう。おすすめは、いつも人の気配を感じられ、直射日光が当たらない明るい場所。放し飼いより自分の場所があったほうが落ち着けるので、まずはサークルで仕切って専用スペースにします。

なれてきたら、サークルの外でも遊ばせます。子犬の目線になり、じゃれたり、食べたりしたら危ないものは片づけて。すべりやすい階段やキッチンなど、出入りさせたくない場所はペット用の柵で入れないように対策します。

サークルの大きさは

？

サークルの幅は、体長の3倍はあるといいでしょう。トイレとハウスを置いても、楽に方向転換できる広さが最低限必要です。

> ボクのおふとんで安心♡

ここに注意

夏は熱中症、冬はやけどに注意

トイ・プードルにとって、快適に過ごせるのは室温 21 〜 25℃、湿度 50 〜 60％です。特に暑さは苦手で、ハアハアしていたら暑すぎます。室内でも熱中症になる心配があるので、エアコンを使い適温を保ちましょう。

意外に寒がりで、冬はストーブの前などから動かないこともあります。低温やけどが心配なので、近づきすぎないよう対策しましょう。

ハグ
ハグ

安全な部屋づくりのヒント

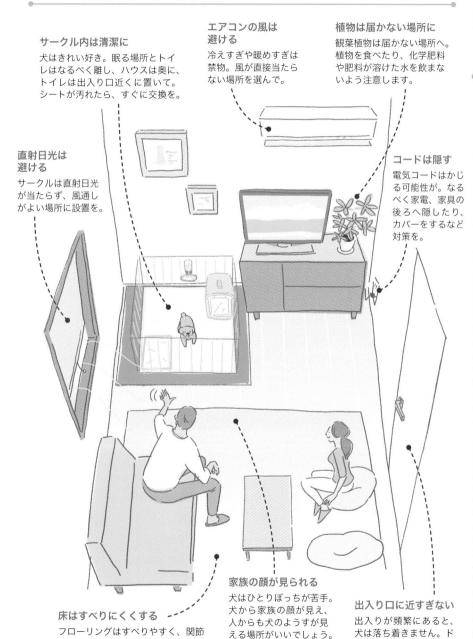

サークル内は清潔に

犬はきれい好き。眠る場所とトイレはなるべく離し、ハウスは奥に、トイレは出入り口近くに置いて。シートが汚れたら、すぐに交換を。

エアコンの風は避ける

冷えすぎや暖めすぎは禁物。風が直接当たらない場所を選んで。

植物は届かない場所に

観葉植物は届かない場所へ。植物を食べたり、化学肥料や肥料が溶けた水を飲まないよう注意します。

直射日光は避ける

サークルは直射日光が当たらず、風通しがよい場所に設置を。

コードは隠す

電気コードはかじる可能性が。なるべく家電、家具の後ろへ隠したり、カバーをするなど対策を。

床はすべりにくくする

フローリングはすべりやすく、関節に負担大。犬がいる場所は、一部だけでもマットやカーペットを敷いて。

家族の顔が見られる

犬はひとりぼっちが苦手。犬から家族の顔が見え、人からも犬のようすが見える場所がいいでしょう。

出入り口に近すぎない

出入りが頻繁にあると、犬は落ち着きません。ドアからはなるべく離しましょう。

先住犬やほかの ペットがいるとき

先住犬との相性、年齢差を意識しよう

トイ・プードルは、明るく温厚な性格で多頭飼いしやすい犬種といわれています。でも、先住犬がいたら、なるべく先住犬を優先してあげましょう。子犬がストレスにならないよう、配慮して迎えます。

年齢差の理想は3歳以内です。年があまり離れていると、年上の犬はスト

レスを感じ疲れてしまうかもしれません。逆に子犬から刺激を受け、老齢犬が元気になることもあります。購入前にお店に聞き、可能な範囲で先住犬と子犬を対面させてもらいましょう。ケージ越しでも、おたがいの反応がわかります。

＼コツ／ 1
先住犬のしつけができてから迎える

新たな犬は、先住犬のしつけができた後で迎えましょう。飼い主さんと先住犬との信頼関係ができていたほうが、新たな犬とも関係を築きやすくなります。

＼コツ／ 2
お世話は可能な限り先住犬を優先

手がかかるのは子犬ですが、先住犬とも1対1で接します。お世話は先住犬を優先し、可能な限り、いつもしていたとおりのお世話をしてあげましょう。

＼コツ／ 3
犬同士の関係性は犬次第で

先住犬と子犬は先輩、後輩の関係に近く、先住犬のすることを子犬がまねたりします。逆に、先住犬が子犬を立てて譲ることも。犬同士の関係は、人が介入せず犬まかせでOKです。

一緒に
遊ばない？

猫と飼う

　犬と違って、猫は群れで暮らす動物ではありません。先住猫の許容力にもよりますが、受け入れるのに時間がかかるケースが多いようです。最初は別室で、ゆっくりとならしましょう。

　仮になかよくなれなくても、「そんなもの」と受け入れましょう。どちらかというと、犬がいる家に子猫を迎えたほうがうまくいくようです。

ウサギや
ハムスターと飼う

　小動物とは、なるべく同じ部屋に入れないようにしましょう。ウサギもハムスターも基本的にはケージ内で飼いますが、犬がいるとこわがってしまいます。特にウサギを部屋で自由に遊ばせるときは、犬が入ってこないよう気をつけます。

鳥と飼う

　犬と鳥は、別室で飼ったほうが安全です。もともと鳥猟犬だったトイ・プードルにとって、鳥は獲物で羽ばたきなどの動きに反応するのは自然なことです。鳥の視点に立てば、自分を狙う犬がいては落ち着けません。

魚やカメと飼う

　魚やカメも、別の部屋で飼ったほうがいいでしょう。水槽があると、犬がその水を飲んでしまうことがあります。また、魚やカメが動く姿が気になり、手を出さないともかぎりません。

プーとよりなかよくなるための
飼い主さんの タイプ 診断

Q1〜 Q20の質問に、できるだけ「**はい**」か「**いいえ**」で答えてください。
「**どちらでもない**」を選ぶと、タイプが曖昧になります。

Q1
責任感が
強いほうだと思う

- [ ] はい
- [ ] いいえ
- [ ] どちらでもない

Q2
友人の幸せを
心から喜べる

- [ ] はい
- [ ] いいえ
- [ ] どちらでもない

Q3
感情が
顔に出やすい

- [ ] はい
- [ ] いいえ
- [ ] どちらでもない

Q4
計画は慎重に立てて
実行したい

- [ ] はい
- [ ] いいえ
- [ ] どちらでもない

Q5
自分の考え方に
自信がある

- [ ] はい
- [ ] いいえ
- [ ] どちらでもない

Q6
子どもやペットは
できるだけ
世話をしたい

- [ ] はい
- [ ] いいえ
- [ ] どちらでもない

Q7
好きなことは
のめり込みがちになる

- [ ] はい
- [ ] いいえ
- [ ] どちらでもない

Q8
人前で話すときは、
事前にしっかり
準備する

- [ ] はい
- [ ] いいえ
- [ ] どちらでもない

Q9
待ち合わせ時間の
5分前には到着する

- [ ] はい
- [ ] いいえ
- [ ] どちらでもない

Q10
道を尋ねられたら、
親切に教えるほう

- [ ] はい
- [ ] いいえ
- [ ] どちらでもない

答えは
直感で!

どんなタイプも
ウエルカム ♡

ワンコの個性を理解するだけでなく、自分がどんなタイプか
理解しておくとトイプーとの暮らしに役立ちます。
簡単な心理テストで、チェックしてみましょう！

Q11
「すごい！」「わぁ」
などの言葉をよく使う

- はい
- いいえ
- どちらでもない

Q12
仕事や勉強は
段取りよく進めたい

- はい
- いいえ
- どちらでもない

Q13
自分の考えは
曲げない

- はい
- いいえ
- どちらでもない

Q14
人の悩みを
親身になって聴く

- はい
- いいえ
- どちらでもない

Q15
ずけずけと
言ってしまいがち

- はい
- いいえ
- どちらでもない

Q16
人の意見も冷静に
受け止め判断する

- はい
- いいえ
- どちらでもない

Q17
ルールを守れない人
は許せない

- はい
- いいえ
- どちらでもない

Q18
人に頼まれると
嫌と言えない

- はい
- いいえ
- どちらでもない

Q19
ほしいものは
すぐ入手したい

- はい
- いいえ
- どちらでもない

Q20
体調が悪いときは
早く寝る

- はい
- いいえ
- どちらでもない

あなたは
どのタイプ
?

 診断は次のページで！！

あなたは
どんな飼い主さん？

質問の番号と同じ番号の解答欄に、
点数を記入しましょう。

☑ はい ……………▶ 2点
☑ いいえ ……………▶ 0点
☑ どちらでもない …▶ 1点

タイプ A	タイプ B	タイプ C	タイプ D
Q1 点	**Q**2 点	**Q**3 点	**Q**4 点
Q5 点	**Q**6 点	**Q**7 点	**Q**8 点
Q9 点	**Q**10 点	**Q**11 点	**Q**12 点
Q13 点	**Q**14 点	**Q**15 点	**Q**16 点
Q17 点	**Q**18 点	**Q**19 点	**Q**20 点
合計　　点	合計　　点	合計　　点	合計　　点

うちのママは
あれかなー？

一番点数が多かったタイプが、
あなたのタイプ！

タイプ別 診断結果 & アドバイス

タイプ A　頼りがいのある リーダー

責任感が強く、頼りがいがあります。しつけをちゃんとしようとしますが、思いどおりにいかないと、つい叱ってしまうかも。

もっとなかよくなるには

トレーニングがうまくできないときは、時間をあけて再トライを。少しでもできたらほめてあげましょう。

タイプ B　やさしい お母さん

母性本能が強く、しつけでも忍耐強くワンコを見守ってあげられそうです。でも、少し心配症な面があり、先回りしてお世話をしすぎたり、過保護になる傾向も。

もっとなかよくなるには

かまいすぎや過保護は、犬のストレスになってしまうことが。少し距離を保ち、見守ってあげることも大切です。

タイプ C　楽しく遊びたい！ 友人

楽しいことが大好き。興味があることには夢中になる一方、気分がのらないことは放置しがちです。しつけはやや苦手で、放任してしまう傾向も。

もっとなかよくなるには

トイレやハウスなど、必要なしつけはしっかり取り組みましょう。そのほうが、犬も飼い主さんも幸せに過ごせます。

タイプ D　クールな 理論派

物ごとをよく調べ、分析して論理的に解決するのが得意です。感情的にならず、しつけが上手。一方で、犬の気持ちをくみ取るのはやや苦手な傾向が。

もっとなかよくなるには

犬にも喜怒哀楽があります。しつけも遊びも、犬の気持ちを感じ取ってあげるとよりスムーズにいきます。

自分のタイプを理解して、トイプーともっとなかよしになりましょう！

トイ・プードルを飼うのに
かかる費用

だいたい年間で22〜40万円

トイ・プードルを飼うには、さまざまな費用がかかります。毎日のフードやペットシーツ代、医療費のほか、トイ・プードルならではのトリミング代も欠かせません。飼い始める前に、費用をまかなえるか、家族で確認し合っておきましょう。

下に、目安となる額を紹介します。同じ首輪・リードでも、クオリティやファッション性で値段は変わります。トリミング代も、トリマーの指名料や毛玉料金を設けているお店だと余計にかかるでしょう。

年間、およそ22〜40万円程度はかかると考えておいたほうがいいでしょう。

おしゃれもさせてね♪

基本の飼育グッズ代

サークル	● 5,000〜20,000円
クレート	● 3,000〜10,000円
トイレトレー	● 2,000〜6,000円
フード・水容器	●各 1,000〜2,000円
首輪・リード	●各 1,000〜5,000円
ブラシ・コーム	●各 1,000〜2,000円

フード代　月 8,000〜6,000円

安価なものから無添加や素材にこだわったプレミアムフードまであり、何を選ぶかで費用は変わります。

おやつ代　月 500〜3,000円

ドッグフードを食べていれば、基本的におやつは必要ありません。でも、しつけのごほうびや遊ぶときは、おやつを与えるとやる気が増します。ジャーキーやチーズなど、安価なものから国産無添加にこだわるものまで、価格はいろいろです。

トリミング代　1回 6,000〜15,000円

トリミングの頻度は1カ月に1回ほど。シャンプーとカットに加え、肛門腺しぼりや爪切りもセットにしているところがほとんどです。

ペットシーツ代　月 1,000円〜2,000円

成長にともない、大きめのシーツに替えてあげます。

医療費　年間 60,000〜90,000円

子犬のうちはかからないことが多いですが、高齢になるにつれ病気やケガは増えます。予防薬や駆虫薬が必要な他、手術や入院には数十万円かかることもあります。

ワクチン　年間 6,500〜15,000円

狂犬病、混合ワクチン、フィラリア、マダニを防ぐ薬の投薬は毎年必要です。

ペット保険料　月 2,000〜8,500円

犬の治療は高額になりがちです。通院や治療費をカバーしてくれる保険に加入したほうが安心です。

おもちゃなど雑貨　年間 5,000〜10,000円

さまざまなおもちゃがあり、丈夫でも犬がこわしてしまうこともあります。洋服を着せる場合は、別途費用が必要です。

※金額は2023年6月時点での目安です

Part 3 プー・ライフを スムーズに始めるコツ

トイプーとなかよくなる
3つのコツ

ワンコとなかよくなるには、
「飼い主さんの言うことに従えば安心」と
信じてもらえる関係を築くことが大切です。
信頼を得るためのコツを紹介します。

コツ 1

叱ってこわがらせない

何か困ったことをしても、大声で「ダメ！」と叱ったり、たたいたりしないで。「この人はこわい」という恐怖心が先に立ち、かえって言うことを聞けなくなります。

子犬は、人社会にデビューしたばかりです。していいこと、悪いことの分別がまだつきません。いたずらだけにフォーカスせず、どういう行動が正解なのかをほめながら教えてあげましょう。

コツ 2

ほめて
うれしい気持ちにさせる

トイ・プードルはかしこいだけに、人の気持ちに敏感です。感情をくみ取り、飼い主さんが喜んでいると、自分もうれしくなります。

ですから、ワンコが何かいいことができたら、たくさんほめてうれしい気持ちを伝えてあげましょう。「こうすると喜んでくれるんだ」とわかると、自ら進んで好ましい行動をとるようになります。それを繰り返すことで、「うれしい気持ちにしてくれる人→安心できる人」、と信頼関係が深まっていきます。

コツ 3

気分で
態度を変えない

　自分の気分で、犬への接し方を変えないようにしましょう。たとえば、いつもはほめられるのに、人がイライラしているときにはほめてもらえないと、犬は何が正解かわからず不安になってしまいます。

　気分次第ではなく、いつでも一貫した態度で接することが大切です。

スムーズなスタートを切るためにできること

不安を
取り除いてあげよう

　初めて家に迎えるトイ・プードルの子犬は、見知らぬ場所で不安になっているかもしれません。環境に早くなれるよう、手伝ってあげましょう。

　まずは、子犬のそばにいて安心させてあげることが大切です。においをかいだり、歩き回ったりするなら、しばらく好きにさせてあげるといいでしょう。遊んでほしがるなら一緒に遊び、「この人と一緒にいると楽しい」「安心するな」と感じてもらうことが、信頼につながっていきます。

家でのしつけのルールを決める

　しつけに関して、家族みんなでルールを決めておきましょう。たとえばキッチンに入れない、人の食べているものはあげないなど、決めたら全員で徹底します。誰かがルールを破ってしまうと、ワンコは何がよくて何がダメなのか、わからなくなってしまいます。

　家族の間でも、一貫した態度で接するのは大切なことです。

子犬が来る日の迎え方

子犬を家に迎える日は、家族にとって一大イベントです。かわいくて、たくさんかまいたくなるかもしれません。でも、子犬はまだなれない場所にとまどっています。まずは、環境になれるのが先決。サークルに入れ、そっと見守ってあげましょう。

体の大きさに合ったサークルとハウス、安全なおもちゃを準備しましょう。

1 受け取ったら、家に直行

子犬を受け取ったら、寄り道せず家に帰りましょう。ワンコも乗り物酔いすることがあるので、キャリーバッグやクレートにペットシーツを敷き、タオルも準備しておきます。使っていた毛布やおもちゃを譲ってもらえたら、一緒に入れておくと安心して過ごせます。

お迎えに持っていくもの

クレート　　ペットシーツ　　タオル

2 サークルに入れて見守る

　家に着いたら、準備しておいたサークルに入れます。子犬は知らない場所に来て、不安かもしれません。さっそく子犬と遊びたくなりますが、あまりかまわず自分のペースで過ごさせて。ここが自分の居場所だと落ち着けるよう、静かに見守ります。サークル内には飲み水をセットし、毛布やおもちゃを入れておくといいでしょう。

3 排泄したらほめる

イイコ！

　サークル内には、全面にペットシーツや吸水マットを敷いておきます。オシッコやウンチをしたら、サークル内のどこにしても「イイコ！」などと声にし、たくさんほめてあげましょう。排泄して汚れたペットシーツは、すぐに交換します。

4 行動範囲を決め、出してみる

　子犬が排泄したら、サークルから出してみてもいいでしょう。あらかじめ決めた行動範囲内なら、歩き回ったりにおいをかいだりは自由にさせます。最初は広範囲ではなく、すぐにサークルに戻せるぐらいのエリアにするといいでしょう。

ここに注意
行動範囲を広げるのは少しずつ

　子犬の行動範囲は家に迎える前に決め、その中にサークルを置いておきます。範囲は、最初は狭めにしておくといいでしょう。最初からリビング全体など広い場所で自由にさせると、「オシッコをしたくなったらトイレに戻る」といったしつけをしにくくなります。

5 少ししたらサークルに戻す

子犬が遊んでほしがったら、一緒に遊んで OK です。子犬がクンクン床のにおいをかぐようすが見られたときは、サークル内に戻すといいでしょう。再び排泄するかもしれないサインです。

6 排泄したら、ほめて外に出す

サークル内で過ごさせ、またウンチやオシッコをしたら、3と同じように「イイコ!」とほめてあげましょう。ほめてから、サークルの外に出します。このときも、行動範囲はあらかじめ決めたスペースに留めます。

7 フードを与えてみる

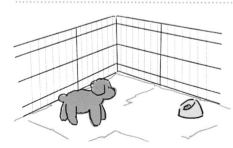

その前にフードを食べた時間にもよりますが、初めて来た日はなるべくそれまでの食事の時間に合わせて食べさせてあげましょう。フードは、今まで食べていたものと同じものを用意しておきます。量は、最初は少なめで。あまり食べずに残しても、無理強いせずにいったん下げてかまいません。

8 3→6を繰り返す

サークルの外で一緒に遊び、しばらくしたらサークル内に戻します。排泄したらほめてからまた外に出します。ペットシーツの上で排泄することを覚えてもらうためにも、排泄したら外で遊ぶことを繰り返すといいでしょう。繰り返すうちに、「サークル内で排泄すると外で遊んでもらえる」とわかってきます。

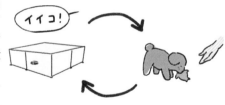

9 夜はクレートで寝かせる

夜はクレートで寝かせてあげましょう。布などで覆って暗くしてあげると、安心して休めます。クンクン鳴いてさみしがるなら、クレートごと寝室に持ち込み、人の気配を感じながら眠れるようにしてあげるといいでしょう。

キュンキュン鳴く"かまってちゃん"には

さみしがり屋の子は、サークルに入れるとキュンキュン鳴いてかまってほしがることがあります。これは「ひとりぼっちになっては危険」という本能が働くため。鳴いてしまうのはしかたのないことです。

サークルは、飼い主さんの気配が感じられる場所に置きましょう。柵で隔てられていても、なるべくさみしくない状態にしてあげることが大切です。

また、以前使っていた毛布やマットなど、なじみのあるにおいのするものを一緒に入れてあげるといいでしょう。あまりに鳴くときは、不安傾向が強いのかもしれません。安心させられるよう、対処します（→ p.68）。

ママ…
……

子犬がキュンキュン鳴いても、すぐにかまうのはNGです。何かと鳴いて要求するようになります。

ねえ
遊んでよ

55

こわがらせない ふれあいテク

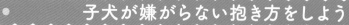

子犬が嫌がらない抱き方をしよう

トイ・プードルの子犬はフワフワとして丸っこく、まるで毛玉のようです。つい抱き上げたくなりますが、いきなり足を宙ぶらりんにされ、高い位置に抱き上げられると不安になってしまいます。抱っこは座った状態で行って。おしりの下に手を添え、しっかり支えて安定させるのがポイントです。

自然な体勢になるよう、四本の足は常に下を向けます。あお向けにしたり、縦に抱かれるのは苦手です。

くっついてると安心するの

なかよくなれる抱っこテク

① ごほうびを見せ呼びかける

オイデ

子犬が食べられるフードまたはボーロなどを用意し、「オイデ」と言いながら誘います。

② 体の横まで誘導する

ごほうびを持った手を引き、体のすぐ横に子犬が来るよう誘導します。子犬に覆いかぶさらないよう、気をつけて。

③ そっと体を抱える

体の横にいさせたまま手を伸ばし、お腹の下をかかえます。そっとふれ、いきなり抱き上げないようにします。

④ 抱き上げてひざにのせる

立つとこわがる子もいるので、ひざの上にそっと抱き上げます。この体勢で抱っこになれさせましょう。

⑤ なれたら胸抱っこから中腰に

こわがらせないよう、ゆっくりと

ひざになれたら、胸に抱えてみます。このとき足が浮かないよう、片腕で下から支えるのがポイントです。さらになれたら中腰になり、また座ります。

⑥ 中腰になれたら立ってみる

こわくない…かも

中腰にもなれたら、そっと立ち上がってみましょう。後ろ足が不安定だとこわがるので、このときも足を下から支えるのがポイントです。

子犬が安心する抱っこのしかた

下ろすときは……

四本の足を下に向け、水平に抱っこするのが犬にとって自然な姿勢。体重を手のひらで受けるようにします。体に密着させると、より安心してくれます。

胸全体を支えるように手を添え、もう片方の手は後ろ足を支えます。

下ろすときも、すべての足がしっかりと地面に着いているのを確認してから手を放しましょう。

ふれられると苦手なのはココ

頭
急に上から手がくるとびっくりしてしまいます。

シッポ
ふれられるのはなれていません。

首まわり
猫と違って、それほど好きではありません。

前足
苦手なので、急につかんだりしないで。

お腹
好き、嫌いが分かれる部位です。

ここで紹介した部位にふれられるのは、犬はあまり好きではありません。ギュッとハグされるのも苦手です。

なでられるのが好きな部位は犬によって違い、たとえば、あお向けに寝転ぶ"へそ天"で「お腹なでて♡」とアピールする子もいれば、さわらせない犬もいます。

とはいえ、体のチェックのために全身さわれるようにしておくのが理想です。信頼関係を深め、少しずつ苦手な部位もさわれるようにしましょう。

うっかりしがちな**NG**抱っこ

お姫さま抱っこ

あお向け姿勢のお姫さま抱っこは、犬にとっては不自然な体勢です。お腹を見せるのは、信頼した相手か、降参した相手にしかしません。

上から近づき抱き上げる

覆いかぶさるように近づくのは、小さな犬にとっては脅威です。サークルの上からこられるのもこわいので、そっと横から近づきましょう。

縦抱き

体を立てる縦抱きは、いつもと違う体勢なので犬は不安になりじっとしていられません。四つの足すべてが安定する抱き方が安全です。

脇の下や足を持ち引き上げる

脇の下を持ったり、足だけ持って引き上げるのは犬には向きません。特に子犬のうちは骨が細く、脱臼も心配です。

初日から始める
基本のしつけ

性格をよく見て、接し方を考えよう

家に来て間もないころは、サークル内で過ごす習慣づけやトイレなど、人と暮らすうえで必要なルールを学んでもらうことが大切です。「マテ」や「フセ」のような、コマンドを使うトレーニングは基本のしつけができてからです。

トイ・プードルは天真らんまんな子がいる一方、こわがりなタイプの子もいます。最初はよく観察して性格を見極めて（→ p.63）。その子のタイプによって、しつけなど接し方を決めていきます。

Point !

**ゆっくりと育てたい
子犬のメンタル・キャパシティ**

生まれて間もない子犬は、さまざまな情報を学習する準備はできています。でも、物事に集中できる時間はとても短く、どうふるまえばいいのかを判断する力はまだほとんどありません。このような心の許容量を「メンタル・キャパシティ」といいます。

メンタル・キャパシティは、さまざまな経験を重ねることで少しずつ大きくなります。楽しくポジティブな体験が、このキャパシティをより良いものに育てます。

最初から詰め込みすぎは禁物です。許容量を超えないよう、少しずつ経験を積ませてあげましょう。

ほめて伸ばす！ しつけテク

ほめテク

ほめタイミングはできたとき！

　トイプーはほめられ、ごほうびがもらえると「またいいことがある」と考え、行動します。飼い主さんが望む行動ができたら、その瞬間にほめてあげましょう。時間が経ってからでは、なぜほめられたのかわかりません。

声は高めトーンで

　ほめるときの声は、高めのトーンがいいでしょう。「イイコ！」「Good boy！」など、よくできたね、という気持ちを込めてほめます。
　極端に声を張り上げたり、大声を出す必要はありません。中にはなでられるのがあまり好きでない子もいるので、特になでる必要もありません。言葉だけで、ほめられたことは十分伝わります。ほめた後にはフードやおもちゃで遊ぶなどごほうびを忘れずに。

Good boy！

叱りテク

フラットなトーンで簡潔に

　トイプーがしてほしくないことをしても、いら立ちをそのままぶつけてはいけません。「ヤメテ」「いけない」など、短い言葉を低く、フラットなトーンで発して制止しましょう。たたいたり、たたくふりなど体罰は厳禁です。

「タイムアウト」を活用

　タイムアウトは一時中断の意味で、犬を一時的に無視することです。興奮しすぎたり、甘がみや要求吠えが激しくなったら手に負えなくなる前に、犬とのコンタクトを一旦中断します。
　たとえば、おもちゃで遊んでいるときに手や足にかみついてきたら、おもちゃを離し横を向いて視線を逸らします。少し待ってから再度遊んであげますが、同じようにかみついたりして効かなければ、犬のいる部屋から黙って立ち去ります。ただし、1分前後で戻ってきてあげましょう。

・・・・・

子犬の集中力ってどれくらい？

　子犬の集中力は短く、1回5〜10分ほどしかもちません。遊びや休憩をはさみ間隔をあけて行うのがしつけのポイントです。脳が情報を整理し、記憶が定着しやすくなります。

サークルで過ごす

子犬は家に来た日から、サークル内で過ごす習慣づけをしていきます。
"安心できる居場所"と感じられるよう、導いてあげましょう。

クレート／ケージ
眠ったり、休んだりする場所。
トイレからは離して置きます。

子犬のサークル内レイアウト例

水容器
首に負担がかからないよう、飲
みやすい高さにセットします。
トイレからは離れた場所にして。

トイレ
体に合った大きさのものを
用意します。最初はサーク
ルの床全面にペットシーツ
を敷きつめておきましょう。

おもちゃ
かんだり、転がしたりひ
とりで遊べるおもちゃを
置いてあげましょう。

初日からサークルに入れて

トイ・プードルが"自分の居場所"と
思えるよう、専用のサークルを用意して
おきましょう。室内で放し飼いにすると、
かえって落ち着けずにストレスを感じて
しまいます。

家に来た日から、しばらくはサークル
に入れて。なれてきたら徐々に行動でき
る範囲を広げてあげます。ただし、トイ
レトレーニングがすむまではサークル内
を中心に生活させます。

さみしがらない工夫を

初めての場所に来た子犬は、不安で
いっぱいかもしれません。さみしくない
よう、以前使っていた毛布やおもちゃな
ど、なじみのあるものを入れておくとい
いでしょう。大きめのぬいぐるみも、子
犬が安心感を得て落ち着くことが多いア
イテムです。

性格を観察しよう！

トイ・プードルの性格は、第一印象だけではわかりません。家になれてくるにしたがって、その子の本質が見えてきます。

トイプーは、キャッキャとはしゃぐ天真らんまんな子か、慎重で繊細な子のどちらかのタイプが多いようです。おもちゃを入れたサークルに入れ、ひとりにしたときどう行動するか観察しましょう。その子の性格に合わせ、どう接するかを決めていきましょう。

トイ・プードルの性格はそれぞれ異なります。犬同士が遊ぶ姿を見られると、参考になります。

天真らんまんタイプには

ちょっと落ち着こう

元気があふれているので、遊び方もパワフルです。こまめに休憩をはさみ、興奮させすぎないように気をつけましょう。興奮しすぎたときは、「タイムアウト」（→ p.61）が有効です。

トイ・プードルは後足で立ち上がりピョンピョンとジャンプする子が多く、関節や骨を傷める心配があります。ケガしないよう、はしゃぎすぎは抑えてあげましょう。

繊細タイプには

そーっと…

パタン

繊細なタイプの中には、人が動くだけでビクビクするような子もいます。こわがる子は、音にも敏感です。ドアの開け閉めや足音など、大きな音は立てないよう気をつけましょう。

飼い主さんが、急に動いたり、ワンコを荒々しく扱うとびっくりしてしまうかもしれません。ゆっくり落ちついて行動したほうが、安心してくれるでしょう。

名前を覚えてもらう

子犬に、自分の名前を覚えてもらいましょう。名前がわかると意思の疎通が
しやすく、アイコンタクトをしたり、とっさのときに注意を引きやすくなります。

1 近くで名前を呼ぶ

クッキー

近くでやさしく名前を呼び、子犬の注意を引
いてみます。

2 近づいたらごほうび

イイコ！

近づいてきたら、ほめてからすぐごほうびを
あげましょう。「名前を呼ばれるといいこと
がある」と覚えてくれるようになります。

3 再び名前を呼ぶ

クッキー
♡

再び名前を呼んで、注意を引きます。笑顔で
やさしく呼んであげましょう。犬は口調やト
ーンも、繊細に感じ取ります。

4 目が合ったらたくさんほめる

もらった
♡

名前を呼んで目が合ったら、声のトーンを少
し高くしてたくさんほめましょう。ほめなが
らごほうびも与えます。

トイレを覚える

子犬が家に来た日から始めたいトレーニングです。トイ・プードルは比較的
覚えるのが早く、1〜2週間から長くても1カ月以内に覚えてくれるでしょう。

1 ペットシーツを敷きつめる

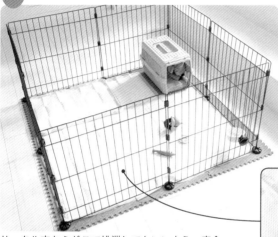

ここに注意
トレーニングは初日から

トイレのしつけは、子
犬を家に迎えた日から始
めましょう。最初に家の
あちこちに排泄させると、
なかなかトイレが覚えら
れなくなってしまいます。
うまくトイレにできたら、
すかさずほめるのが成功
のコツです。

サークル内ならどこで排泄してもいいよう、床全
面にペットシーツを敷きつめます。クレート内は
敷かなくてOKです。シーツをやぶいてしまう場
合は、代わりに吸水性のある布や吸水マットなど
を使ってもいいでしょう。

ペットシーツは隙間ができないよう、
重ねて置きましょう。

2 サークル内では自由にさせる

多くの犬は、排泄した
くなると床のにおいを
かぎながらクルクル回
ります。「ワン、ツー、
ワン、ツー」あるい
は「シー、シー、シー、
シー」と、リズミカル
に声をかけるといいで
しょう。条件づけされ、
声かけで排泄できるよ
うになる子もいます。

③ 排泄したら、ほめて遊ぶ

わーい♪

排泄したら、しばらくサークルの外に出して遊んであげましょう。オシッコ、ウンチをするのはいいこと、というイメージを抱かせます。その間に、ペットシーツを交換しましょう。

トイレににおいをつける

ペットシーツを交換するとき、オシッコをした部分をトイレになすりつけます。オシッコのにおいがあると、その上にする習性があるからです。

④ 範囲を狭めていく

だんだんと排泄する場所が数カ所に決まってきます。その場所を中心に、シーツを敷く面積を少しずつ狭めていきましょう。いきなり何枚もはがすのではなく、1枚ずつはがして。トイレの位置が定まってきたら、それに合わせてクレートと水容器を配置します。

⑤ トイレでできたら、たくさんほめる

イイコ！

ほめられた♡

トイレで排泄できたら、そのたびにたくさんほめてあげましょう。さらにその場所でごほうびをもらえば、トイレの場所をより強く印象づけられます。

⑥ 場所を覚えたら少しずつ行動スペースを広げる

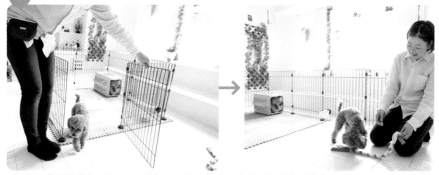

トイレの位置を覚えられたら、囲っていたサークルを広げ、子犬が自由に動けるスペースを拡張します。ただし、フリーにするのを部屋全体など急に範囲を広げすぎると、遠すぎてトイレに戻れなくなり失敗の原因に。

⑦ したいようすがあればトイレへ

ほめられて伸びるタイプです

遊んでいる途中でソワソワとにおいをかぎだしたら、排泄したいのかもしれません。できるようになるまでは近くまで連れて行ってあげるといいでしょう。

トイプーの3大お悩み 解決のコツ

トイ・プードルによくあるお悩みは、「さみしがってキュンキュン鳴いてしまう」「甘がみをする」「フリーにしたらトイレを失敗する」の3つです。

　間違った対処をしていると、なかなか解決しなかったり、エスカレートする心配もあります。叱らずに、スムーズに解決する方法を紹介します。

ママ〜

ねぇ、来てよ〜

悩み 1 鳴いて困る

　トイ・プードルの子犬は、サークルに入れるとさびしがってキュンキュン鳴くことがあります。子犬は本来、母犬に甘えたり、兄弟犬と遊んだりして生活するものです。自然界では子犬ひとりになっては危険なため、ひとりぼっちになると鳴いて訴えかけるのは本能ゆえの行動です。

　だからといって、すぐ手を差し伸べるのもよくありません。何かと鳴いて要求するようになる心配があります。

すぐかまわないようにしよう

　鳴いたからとすぐにサークルをのぞいたり、出してかまうと「鳴けばすぐ来てくれる」と思うようになります。

　かといって、無視して突き放すのもよくありません。なるべくさみしくないように、ひとりでも遊べるおもちゃを与えたり、最初からサークルは人の気配を感じられる場所に置き、いつでも声をかけてあげられるようにしておきます。

ぬいぐるみを置いてみよう

　子犬は、母犬や兄弟犬といつも一緒にいることで身の安全を感じていました。さみしくないように、大きめのぬいぐるみを与えてみましょう。フワフワとした感触が、本能的に安心できるのかもしれません。それと一緒に、食べ物を入れたコングを置くのもいいでしょう。

クレートを寝室に置いてみよう

　飼い主さんが眠るときも、キュンキュン鳴いてしまうことがあります。鳴くからといってようすを見に行くと、「鳴けば来てくれる」と覚え、鳴いて呼ぶようになります。そんなときはクレートに入れ、寝室に置いてあげましょう。飼い主さんの気配を感じることで、さみしさが紛れます。

十分遊んで疲れさせよう

　寝室で一緒に寝るのが難しく、サークル内でひとりで寝かせたいなら、日中や夜寝る前にもたっぷりと遊んであげましょう。遊び疲れれば、あまり鳴くこともなくよく眠ってくれるでしょう。

甘がみをする

本気ではなく、じゃれて軽くかみつくのが「甘がみ」です。家に迎えたばかりの3〜4カ月の子犬は、まだ歯が生え変わる時期ではないですが、飼い主さんの手や足に歯を立てて遊ぼうとすることがあります。

「痛くはないし、少しならいいか」とやらせていると、クセになってしまいます。興奮して力加減がわからなくなったり、怒ったときかむようになる心配もあるのでやめさせましょう。

かじるのはトイ・プードルの本能ですが、かんで遊んでいいのはおもちゃや食べるものだけ、と覚えさせます。

コツ 1
手で遊ばないようにしよう

ふだんから、手にじゃれつかせて遊ばないようにしましょう。たまたま歯が当たったときに飼い主さんがふつうにふるまっていると、「手を軽くかんでもいい」という意識になってしまいます。遊ぶときは、引っぱりっこできるロープやボールなど、おもちゃを使います。

コツ 2
歯が当たったら
大げさに反応しよう

遊んでいて歯が手にふれたら、「あー!」などと大げさに声を出し、手を引っ込めましょう。飼い主さんが嫌がる反応をしているとワンコもひるみ、「しちゃいけないことだ」と、わかるようになります。「おもちゃなどはかじっていいけれど、人の手足はダメ」と覚えさせましょう。

引っぱりっこは
大好きだよ♡

コツ 3
かまれたら痛がってみよう

「あー！」など、ただ声を出してもひるまないワンコもいます。次は、「痛い！」と、大げさに痛がるふりをしてみましょう。そして、持っているおもちゃを離し、遊びを中断します。歯が当たったら、なにかよくないことが起きる、飼い主さんが嫌がっていると理解してくれます。

コツ 4
やめなければ、その場から立ち去ろう

痛がってもやめなければ、だまって遊びを中断して、ワンコに声もかけずにさっとその場からしばらく立ち去りましょう。本気でかむのでなくても、「歯が飼い主さんの体に当たると、遊んでくれる人がいなくなる」ことがわかります。家族全員が同じ対応をしましょう。

子犬同士は、よく甘がみして遊びます。強くかむと相手に怒られることで、力加減を学びます。「犬同士のじゃれあいはよくても、人にはダメ」と教えなくてはいけません。

ここに注意
「そそる服」を身につけない

トイ・プードルはもともと狩りで鳥を回収する鳥猟犬でした。ヒラヒラと動くものには飛びついてしまう習性があり、かみたくなってしまいます。

一緒に遊ぶときはストールやマフラー、フリル状のものなど、ヒラヒラとしたものをなるべく身につけないようにしましょう。

トイ・プードルはかしこくて、比較的トイレの失敗は少ないほうです。でも、たびたびペットシーツの外やサークル外でしてしまうときは、しつけの進め方が早すぎるケースが多いようです。

数回トイレでできたからといって、完全に覚えられたわけではありません。最終的にはフリーにしてもトイレでできるよう、ゆっくりしつけを進めるのが成功の秘訣です。「1歳までにできればOK」ぐらいのつもりでいましょう。

コツ 1

できたらいっぱいほめよう

最初はペットシーツを敷きつめたサークル内で過ごさせますが、排泄したらいつでも、どこにしても「イイコ！」と、うれしそうなハイトーンの声でほめてあげましょう。ほめてからサークル外で遊んであげると「オシッコやウンチをするといいことがある」と、プラスのイメージを抱けます。

コツ 2

トイレ記録をつけてみよう

いつ、どのあたりでしたか、トイレの記録をつけてみましょう。1週間もすると、よく排泄する場所やトイレのリズムがわかってきます。排泄しないエリアがあれば、まずその場所からペットシーツを1枚はがしてみます。「数日成功したら、もう1枚はがす」といった具合に、ゆっくりと進めます。

イイコ！

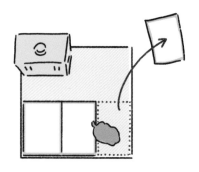

コツ 3
行動範囲は少しずつ広げよう

すぐに夢中になっちゃうの

サークル内のトイレでできるようになったからといって、外で遊べる範囲を広げ過ぎないようにします。いきなりフリーでいられるエリアが広くなると、遊びに夢中の子犬はオシッコする場所を忘れたり、間に合わないことがあります。自分でトイレに戻れるくらいの範囲にし、そわそわしだしたら、トイレの近くに誘導してあげましょう。

こっちだよ〜

コツ 4
成功率9割超えで次の段階に進めよう

たとえば最初はリビングの3分の1エリアまでを行動範囲としたら、その範囲での「ちゃんとトイレに戻って排泄できる成功率」9割以上を目指します。10日間ほどようすを見て、失敗するのが数回だけなら、ほぼ9割成功と考え、3分の2エリアに範囲を広げていきます。フリーにする範囲を広げるのは、確実に成功できることを確認してからです。

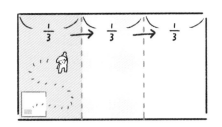

コツ 5
トイレの移動はゆっくりしよう

トイレの場所を動かしたいときも、ゆっくりと段階的に進めます。たとえば「今はサークル内のA地点にあるけれど、最終的にはサークルをはずし部屋の角のE地点に動かしたい」という場合。AからEまで、Aで9割、Bで9割と、それぞれの地点でほぼできるようになったら次に移動するのがポイントです。あせらないで進めましょう。

トイレの"困った" Q&A

Q1 トイレ以外でしたら叱っていい？

A 叱らずに、すぐ片づけて

トイレ以外の場所でしても、叱ってはいけません。粗相が続くとつい叱りたくなりますが、犬は敏感で、叱らなくとも飼い主さんの怒りの感情を察します。叱ると「排泄するのは悪いこと」と思ってしまい、隠れてするようになる場合があります。

排泄したのを見つけても、平常心を保ち、黙って片づけましょう。きれいにしたら、消臭スプレーなどを使い、においが残らないようにします。

Q2 ペットシーツをボロボロにするときは、どうする？

A 吸水マットなどを使ってみて

ペットシーツを食べてしまうと、中の吸水ポリマーがお腹の中でふくれて危険です。

ペットシーツをちぎるのを防ぐ、メッシュ付きのトイレトレーや吸水マットを使うのも一案です。

ペットシーツをボロボロにするのは、遊び足りなくて退屈だったり、ストレスがあることが多いものです。シーツをいじっていると、かまってもらえると思っているのかもしれません。サークル内に、かんでも安全なおもちゃを入れてそちらに関心を向けたらたくさんほめて、シーツから意識をそらすようにします。

なるべく一緒に遊ぶ時間を増やしてあげましょう。

Q3 ウンチを食べてしまうときは？

A よくあること。すぐに片づけて

子犬の食糞はよくあることです。でも、多くの場合は1歳ぐらいにはしなくなるので、それほど心配しなくても大丈夫。ウンチをしたらすぐに片づけ、食べないように気をつけましょう。

最近はフードの質が向上し、きついにおいのするウンチが減りました。そのため、ご飯と間違って食べるのかもしれません。退屈で、かまってほしくて食べてしまうこともあります。退屈しないよう、遊んであげましょう。

Q4 食糞が なかなか治らない

A 寄生虫や、食事量が 原因のことも

食糞への執着があまりにひどいときは、病院に相談しましょう。寄生虫がいて栄養が吸収されずお腹が空くなど、何か理由があるかもしれません。

また、子犬の成長に伴いフードの必要量は増えます。成長しているのに、小さいころの量のまま与え続けていて、食事量が足りていないケースもあります。フード量の見直しも必要です。

Q6 排泄を促す方法を 知りたい

A 男の子には声がけを。 女の子は見守って

男の子は、「ワン、ツー、ワン、ツー」など声をかけると排泄してくれることが多いものです。成功したときにほめたたえれば、得意になってオシッコしたりもします。

一方、女の子はデリケートで、声かけを嫌がりがちです。ソワソワしたらトイレに連れていき、物影からそっと見守ってあげましょう。

性別に関係なく、トイレでできたらその場でごほうびをあげるのも、上手にトイレでできるようにするコツです。

Q5 排泄のタイミングを 見極める方法はある？

A ソワソワしたら、 させどき

犬はトイレに行きたくなると、クンクンとにおいをかいだり、急にソワソワし始めます。そんなとき、トイレに連れていくといいでしょう。成功体験が増えると、早くトイレを覚えてくれます。一般的に、朝起きた後や食事の後は排泄しやすいタイミングです。

子犬の肛門まわりの筋肉は、まだ発達途中で長くウンチをがまんできません。「ウンチが出たらサークルから出して遊ぶ」など、ルール化すると習慣化しやすくなります。

トイレ・トレーニング 成功の秘訣

- ☐ 成功したらたくさんほめる
- ☐ 失敗しても叱らない
- ☐ トレーニングはゆっくり進める
- ☐ 極力、失敗をさせない
- ☐ 排泄しそうなときはトイレに 連れていく
- ☐ トイレを数カ所に置く

ハンドリングを練習

さわらせてくれたら、ごほうびを繰り返す

犬の体を人が自由にさわれるようにするしつけです。トイ・プードルは、顔まわりや手足など必要なお手入れが多い犬種です。ていねいに練習し、抵抗なくさわれるようにしましょう。

顔まわりから始め、さわれたらそのたびにほめ、ごほうびを与えます。ふれられている間ずっとおいしいものがもらえると、さわられるのに抵抗がなくなっていきます。犬が少しでも嫌がるときは無理せず、翌日に少し前の段階からチャレンジしましょう。

顔まわり

1 側面や後ろからさわる

ワンコは正面から来られるのは苦手です。側面や後ろから近づき、あごの下をさわります。

2 できたらほめる

イイコ！

さわらせてくれたら、そのたびにほめてごほうびをあげます。「1ストローク、1おやつ」の感覚です。

3 リラックスできるまで繰り返す

イイコ！

モグモグしている間に、両手であごを包むようにさわります。できたら、またごほうび。その間に、耳など違う箇所へゆっくり手をすべらせます。

4 マズルを包んでみる

イイコ！

その流れのまま、マズルを包むようにさわってみます。お手入れでふれることの多い部分なので、ていねいに行います。

5 頭を包み、耳をなでる

あごの下に手を置いたまま、もう片方の手で頭をはさむように横からそっと手を置きます。そのまま、耳のほうへとなでるようにふれるのを、何回か繰り返します。

6 口にさわる

反対側も

頭をふれられるのになれてきたら、その手をゆっくり移動させ、口をめくって歯を出します。ふれている手を犬の体から離さずに進めたほうが、こわがりません。両側ともできるよう、練習しましょう。

⑦ 頭〜シッポへとなでていく

背中からシッポまでゆっくりなでていきます。足の上にのせるときは、タオルを敷いておくと足場が安定します。シッポはなでたり、軽くにぎったりもしてみます。できたら同様にほめ、ごほうびを与えましょう。

⑧ 後ろ足、肉球にふれる

背中から後ろ足へと手をすべらせます。連続して行うほうが、抵抗がありません。そのまま足先、肉球もさわります。指先はキュッと圧をかけてさわると、爪切りの練習になります。

⑨ 前足にふれる

犬は前足にふれられるが苦手です。体や後ろ足にふれられるのになれてから、体をなでる手をすべらせて前足にもっていきましょう。後ろ足同様、肉球や指先にもふれてみます。

⑩ 脇の下にふれる

前足にふれられるのになれたら、そっと前足を持ち上げて脇の下にもふれてみます。毛玉ができやすく、ていねいなブラッシングが必要な部分です。

⑪ お腹にふれる

極楽〜

お腹は、遊んで疲れたあとに練習するといいでしょう。体にふれながら、ゆっくり人の体にもたれかかるようにさせてあお向けにします。嫌がったら、やめてかまいません。ふれられたらごほうびを与えますが、気管に入ってむせることもあるので、起き上がってからにします。

ブラッシングの
プレ・トレーニング

トイ・プードルのブラッシングに通常使うのは、
金属でできたスリッカーです（→ p.180）。その前に、獣毛ブラシなど
やわらかいものを使い、ブラッシングの感覚になれさせましょう。

獣毛ブラシ

1 見せて、においをかがせてみる

「ブラシはこわいものではない」と、覚えてもらうため、ブラシを見せ、においをかがせてみます。

2 おしりまわりに少しあててみる

抵抗の少ない背中に、ブラシをそっとあてます。あてる部分は毛を分けて広げるようにし、ゆっくり軽くとかしてみましょう。

3 耳をとかしてみる

耳にブラシをあててみます。ならすのが目的なので、嫌がらない程度に軽くあて、とかせばOK。

4 苦手な前足は最後に

体や耳にブラシがふれるのになれたら、前足にもブラシをあててみます。

1ストロークで1イイコ！

イイコ！

ブラシをあて、とかすたびにほめてごほうびを与えます。「ブラッシングされるといいことがある」と、いいイメージを抱かせます。

家の中、外で 社会化レッスン

いろいろな体験をさせよう

生後3～4カ月の子犬は、好奇心でいっぱいです。さまざまな経験を通じて順応性を養うのに大切な時期で、「社会化期」と呼ばれています。

まずは家の中で、生活音や、動画で車や電車の音などを聞かせましょう。いろいろな音になれたら、いよいよ外デビューです。3回目ワクチン接種から2～3週間経つまでは、抱っこで出かけて。こわがらない範囲で、ほかの人や犬に会わせるといいでしょう。

本格的なお散歩デビュー前はバッグなどに入れ、外の世界を見せ、音を聞かせましょう。

社会化が必要な理由

こわがりになる
のを防ぐ

社会化期に家にこもっていると、飼い主さん以外の人や犬をこわがったり、音に過敏になる心配があります。

コミュニケーション力
が上がる

いろいろな人や犬になれていれば、初めての人や犬とも遊べる社交的な犬になります。

思わぬ事故
を防ぐ

外の環境になれていないと、知らない音、大きな音などに驚き、逃げ出して迷子になったり、車道にとび出してひかれてしまうかもしれません。落ち着いて過ごせたほうが、ワンコも幸せです。

社会化期に体験を！

家の中で音にならす

掃除機や TV など、なるべくいろいろな音を聞かせ生活音にならしましょう。こわがることの多い電車や雷、花火の音も、実際に体験する前に動画などで聞かせておきます。最初は小さな音を聞かせ、少しずつボリュームを上げるといいでしょう。おもちゃ遊びなど楽しいことをしているときに苦手な音を流したりするのもよい練習です。

よその人に会う

家族だけでなく、老若男女を問わずいろいろな人に会わせます。楽しい記憶を残せるよう、やさしく接してくれる人に会わせるのが理想。おやつを渡し、与えてもらうのもいいでしょう。

車や電車を見せる

お散歩デビュー前は、抱っこで連れ出し車や電車、バイクなどを見せ音やにおいにならします。交通量が多い場所や踏切など、散歩ルートで聞こえる音にもなれさせましょう。

ほかの犬に会う

なるべくフレンドリーな犬に会わせましょう。ただし、ワクチンで免疫がつく前のふれあいは控えます。猫や小鳥など、身近な小動物も見せてあげるといいでしょう。

楽しみだワン

無理はさせないで

社会化期の子犬は、好奇心旺盛で心の窓が開いている状態です。でも、受け止められる許容量は犬によってさまざま。こわがったり、疲れているようすがあれば、無理させないようにします。毎回、経験したことが「楽しかった」と感じられる程度で終わらせるのがベストです。

ここに注意

トイ・プードルと絆を深めるコツ

飼い主さんが、犬にとって頼れる存在になることが大切です。犬は、さまざまな場面でどうふるまえばいいのかわからないと不安になります。そこで、正しい行動に導くのが飼い主さんの役割。不安を取り除き、「飼い主さんと一緒にいればこわくない」と思わせてあげましょう。すると犬は安心し、飼い主さんに信頼を寄せるようになります。

逆に、どうしたらいいかわからないと、犬は「自分がやらなくちゃ」と警戒を強めます。するといつも気が休まらず、来客時に吠えるなど問題行動につながることがあるのです。

頼れる存在になる POINT

自信をつけさせる

してほしいことをしたタイミングを逃さず、しっかりほめてあげましょう。

ほめられると犬は自信がつき、こわいことや苦手も克服しやすくなります。

楽しいことや安らぎを与える

「この人と一緒にいると楽しい」「安全だ」という気持ちにさせてあげましょう。自然と、尊敬と忠誠心が高まります。

こわいことから守る

犬の緊張や不安に敏感になりましょう。原因を取り除き、安心させてあげると飼い主さんへの信頼感が高まります。犬のストレスのサイン（➡ 94、95ページ）が参考になります。

尊敬のまなざし

Part 4 プーと 楽しく暮らすために

トイ・プードルに よくある性格3タイプ

同じトイ・プードルでも、1頭1頭個性があります。
トイプーにありがちな性格を、3タイプに分けてみました。
その子に合わせた接し方がわかれば、プーとの毎日はもっと楽しくなります。

TYPE 1

好奇心の
カタマリ

陽気で天真らんまん

　陽気で明るく、遊びに誘うとキャッキャと喜んで遊ぶノリのいい性格です。好奇心旺盛で、チャカチャカとよく動きまわり活発です。
　一緒に遊ぶのは楽しいですが、「落ち着きがない」と感じることもあるかもしれません。興奮しやすい傾向があるので、ケガや事故につながらないよう、ブレーキをかけたほうがいい場面もあります。

TYPE 2

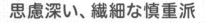

じっくり考える
タイプです

思慮深い、繊細な慎重派

　気になるものがあると、じっくり観察して慎重に近づく思慮深いタイプです。繊細で、やや臆病な面があり、見なれないものにはこわくて近づけない子もいます。
　こわがりタイプは、不安にならないようサポートしてあげるといいでしょう。不安を取り除き、苦手なことができたらほめて、自信をつけさせることが大切です。

おもちゃ ♡

おともだち ♡

TYPE 3

同じ茶プーでも、性格はそれぞれです。
犬同士で遊びたがる子もいれば、おもちゃに夢中の子もいます。

抱っこ大好き、甘えん坊

離れたくないの

　トイ・プードルは、犬の中でも甘えん坊が多いようです。飼い主さんから離れるとさびしくてピーピー鳴いたり、一緒のときはずっとくっついていたりします。

　とてもかわいく、いつも抱っこしていたくなりますが、それが過ぎると甘えん坊が助長されて分離不安気味になることがあります。ふだんの接し方を見直すことも大事です。

Point! ● ● ●

トイ・プードルがもつ "承認欲求"

イイコ！

　トイ・プードルは、承認欲求といって「見てほしい」「認めてほしい」「ほめてほしい」といった欲求が強い犬種です。かわいいからと要求にすぐ応えてばかりいると、鳴いて呼ぶようになったり、抱っこばかりせがむようになることもあります。

　プーの承認欲求は、上手に利用しましょう。「できたらほめる」ことで、甘えん坊の子は自立心を養えたり（➡ p.89）、臆病な子は自信をつけられたり（➡ p.91）します。

やらせてもいい？
とびつき・ジャンプ

ケガにつながるのでやめさせよう

トイ・プードルはジャンプ力があり、よくピョンピョンとんだりソファなどにとび乗ったりもします。飼い主さんの帰宅をとんで喜ぶ姿はかわいく、ついやらせてしまうかもしれません。

でも、トイプーはもともと膝蓋骨脱臼（➡ p.210）といってひざのお皿がずれる病気が多く、ジャンプしすぎはよくありません。

骨折につながることもあるので、ケガを防ぐためにもやめさせ方を覚えておきましょう。

対処法 ● しゃがんでとびつかせない

1 とびつかれても冷静に

帰宅時など、とびつかれるのはうれしい瞬間ですが、この状態では一緒に喜ばないようにします。

2 一歩下がる

とびつかれたら、かまってあげるのではなく一歩下がりましょう。ワンコの前足が、自然と離れます。

3 しゃがむ

立っているとまたとびついてしまうので、しゃがみます。体は、威圧感を与えないよう犬に覆いかぶさらないようにします。

4 足を床につけているときにかまう

イイコ！

とびつきの姿勢ではなく、すべての足が床についたときに、かまってあげましょう。抱っこし、ごほうびを与えてもOK。

もらった♡

対処法 ●「出して」は後ろを向く

　サークルから「出して、出して」と柵にとびつくときは、クルリと背中を向けてコンタクトを中断します。繰り返すうちに、「とびつくと飼い主さんがかまってくれない」とわかってきます。

　オスワリの姿勢になったら、ほめてサークルから出してあげましょう。

対処法 ● 落ち着いたらかまってあげる

① とびつかれてもかまわない

おもちゃやごほうびがほしくて、とびつかれたり、ジャンプしてくることも。この状態のときは、相手にしません。

② 一歩下がる

とびつかれたら、一歩下がります。ワンコの前足が自然と離れ、二足歩行ではなく足をすべて床につけた状態に戻ります。

③ とばない状態を維持

遊んでもらえず、ワンコはとまどうかもしれません。でも、そこでかまわずに、②を繰り返してとばずに落ち着くのを待ちましょう。

④ 足を床につけていられたらごほうび

足を床につけていられたら、ごほうびを与えます。遊んでもらいたそうなときには、おもちゃを与えてもOK。繰り返すうちに、「とばないほうがいいことがある」と覚えます。

87

ハイテンションのまま遊んでもいい？

興奮しやすい子は、遊びに夢中になりすぎてケガや事故につながることがあります。ハイテンションになり、甘がみが本気がみになることも。飼い主さんは、ブレーキをかける対処法を覚えて犬の興奮を抑えてあげましょう。

興奮しすぎないよう、飼い主さんがコントロールしてあげます。

対処法 ● **興奮しすぎたら、遊びをSTOP**

一緒に遊んでいて、興奮しすぎると部屋を走り回ったり、引っぱりっこで飼い主さんの手をかじってしまうことがあります。ハイテンションのサインに気づき、コントロールできなくなる前に対処しましょう。

1 遊びを一時中断

「タイムアウト」（➡ p.61）といって、遊びを一時中断するテクニックを使います。ワンコから視線を逸らし、おもちゃで遊んでいるなら離してしまいましょう。

2 部屋を出る

落ち着いたら遊びを再開しますが、まだハイテンションが収まらなければ、部屋を離れます。「興奮していると、遊んでもらえない」とわかってきます。

このままでいい？ 抱っこ大好き甘えん坊

ふだんからむやみに抱っこしない

もともと抱っこ魔ではなくても、ふだんから抱っこが多いと、抱っこが当たり前になってしまうことがあります。必要がないのに抱っこばかりせず、自立心を養えるよう「ひとりでも遊べる」という自信をつけてあげましょう。

ご満悦 ♡

対処法 • おたがいひとりの時間を作る

「TVを観ているときはいつも抱っこ」など、抱っこがふつうの状態にしないようにしましょう。一緒にいても、離れている時間を作ってあげます。

① ひとり遊びできる工夫をする

コングにごほうびを入れて渡したり、ノーズワーク（➡ p.123）をさせてみるなど、ひとりで遊べる工夫をしてみましょう。

② ひとりで遊べたらほめる

イイコ！

ひとりで遊べていたら、「イイコ！」と、ほめてあげましょう。"抱っこが当たり前"にせず、一緒にいても抱っこしない時間を作ります。

89

こわがり、ビビりの 解決策はある？

こわがりっ子は、ほめて伸ばそう

飼い主さんから「この子、ビビりなんです」といった言葉を聞くことがあります。見なれないものにはこわくて近づけなかったり、なにかと慎重だったり、用心深い性格なのでしょう。繊細で、音に敏感なこともあります。

苦手なことを無理にさせる必要はないですが、何かできたらたくさんほめ、しっかりと自信をつけてあげましょう。少しずつでも、できてほめられることでチャレンジしてみようという気持ちが芽生え、こわがりが解消されます。

対処法 ・ できたら、たくさんほめる

1 集中できることをする

たとえば、踏切や電車が苦手で吠えてしまう、という場合。ワンコが得意なこと、集中できること（→p.117「タッチ」など）をできるようにしておくと、吠えずに過ごすことができます。

2 ほめて、自信をつけさせる

イイコ!!

少しでも進歩があったら、すぐにしっかりほめてあげましょう。できてほめられると「こわくなかった」「できるかも」と、だんだん自信がついてきます。

ここに注意

こわがっていることに 気づいてあげよう

BAN　GAN

ワンコは「こわいからかむ、吠える」ことがあります。「こわいから吠えたのに、怒られた」と感じると、犬は人を信頼できなくなってしまいます。ワンコはドアの開閉音や調理器具がぶつかり合う金属音など、意外なものをこわがることも。こわがっていることに気づいて、たとえばドアはやさしく開け閉めするなど、対処してあげるといいでしょう。

分離不安にしないためにできること

　飼い主さんの姿が見えなくなったり、留守番をさせると、吠え続けたり、ものをこわすなど問題行動を起こすようになることがあります。これを分離不安といいます。体をなめ続けたり、傷になるまで自分の足などをかんだり、粗相をすることもあります。

　トイ・プードルは飼い主さんが大好きで、もともと分離不安傾向のある犬種といわれています。毎日の接し方で、本来の気質が助長されないようにしましょう。

　一緒にいるとき、いつも抱っこしたり、ふれっぱなし、かまってばかりになるのは避けましょう。近くにいてもおたがい離れ、ひとりで遊べる時間を作るのも大切なことです。

「ひとりで できた！」を ほめてあげよう

　自立心を養うのに、いい遊び方のひとつがノーズワーク（➡ p.123）です。おやつなどごほうびを仕込むと、ワンコは夢中になります。集中力を養うことで不安な気持ちを感じにくくなります。上手に探して食べられたら、ほめてあげましょう。ひとりでできると、自信がついてきます。

→ボールの間にごほうびを隠します。取れたら、ほめてあげて。

↓ジャーキーやチーズなど、ごほうびのグレードを上げるとやる気がUP♪

分離不安になると

吠えたり鳴き続ける

体をなめ続ける

家具などをこわす

ボディランゲージで 気持ちを知ろう

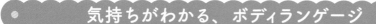

トイ・プードルは人の言葉を話しませんが、表情やしぐさはとても雄弁です。たとえば、うれしいときにシッポを振ったり、いかにも「大好き！」、というように顔をなめてきたり、感情表現の豊かさに驚かされるでしょう。

犬の動作によるサインは「カーミング・シグナル」（calming signal）といい、知っているとワンコの気持ちを理解しやすくなります。代表的なシグナルを、覚えておきましょう。

うれしい！
楽しい！

子犬同士も、プレイバウをして遊びに誘いあいます。

上半身を低くする

飼い主さんやほかの犬に、頭を低く下げ、前足を伸ばしておしりを高く上げる姿勢をとることがあります。これはプレイバウ（play bow 遊びのお辞儀）といって、「遊ぼう」と誘っているサイン。一緒に遊んであげましょう。

フリフリ

シッポを振るのに加えて、うれしそうな表情をすることもあります。

激しくシッポを振る

喜ぶと、激しくシッポを振ります。おしりごとフリフリするのも、うれしい気持ちの表れ。ただし、シッポを振るのはうれしいときにかぎらず、時にはほかの犬を警戒したり、何かに興奮しているときも振ることがあります。

大好きなの！

顔をなめる

　飼い主さんの顔や手をペロペロとなめるのは、甘えているサインです。これは子犬が母犬にごはんをねだるときにするしぐさで、その名残でしょう。叱っているときに、「怒らないで」と相手をなだめたり、してほしくないことがあるときに「やめて」の意味を伝えてくることも。ほかの犬にするときは、敵意がないことを示しています。

体をくっつける

　犬はもともと群れで寄り添って生活していたので、くっつくことで落ち着きます。くるりと後ろを向いて背中やおしりをくっつけることも。そっけなく感じますが、信頼している相手にしか背中は見せません。飼い主さんへの、愛情と信頼表現なのです。

ピョンピョンとぶ

　飼い主さんが帰宅したときなど、ピョンピョンとんでじゃれつくことがあります。「会えてうれしい！」のサインはかわいらしいですが、トイ・プードルの足腰に負担がかかります。一歩退く対策法（➡ p.86）で、落ち着かせましょう。

チョンチョンさわる

　前足でつついたり、鼻をツンツンあててくるときは「ねえねえ、かまって」という気持ちでいます。遊んでほしい気持ちを伝えようとしているので、できるだけ一緒に遊んであげましょう。

ストレスがあるよ

あくびをする

　不安や不快だったり、相手の興奮を落ち着かせたいときに見られます。たとえば叱られているときにあくびをするときは、「もう叱らないで」「落ち着いて」という気持ちでいます。いったん叱るのをやめましょう。

体をかく

　気持ちが落ち着かず、リセットしたいときのシグナル。たとえばほかの犬に会ったときに体をかいていたら、特に交流したくはないのかも。トレーニングの最中なら、練習に飽きているのかもしれません。単純にかゆいときもあります。

手足をしつこくなめる

　十分かまってもらえなかったり、運動不足だったり、過度の緊張や不安などストレスがあると、それを紛らわすために体をなめ続けることがあります。痛みや違和感、かゆみを感じていることもあるので、傷や炎症がないかもチェックしてあげましょう。

 ここに注意

気をつけたい "常同行動"

　ケージの中をウロウロし続けたり、シッポを追ってグルグル回り続けるのは、手足を執拗になめるのと同じストレスのサインです。同じ行動を繰り返すので、「常同行動」といいます。
　運動不足や長時間の孤独、遊び足りないなどのストレスが原因のことが多いので、一緒に遊ぶ時間を増やしてあげましょう。

背中を丸め、体をちぢめる

　背中を丸め、なるべく体を小さくしているのは、こわかったりおびえているサインです。耳を後ろに寝かせたり、尾を股にはさみこんだりすることも。逆に耳をピンと立て、体を大きく見せるようにしているときは警戒したり、攻撃的になっているので注意して。

嫌だなあ・許して！

フセをする

興奮した自分と相手を落ち着かせようとするシグナルです。たとえばドッグランで興奮しすぎたときなど、ケンカに発展するのを防ぐ意味があります。ほかの犬に会ったとき、フセで「敵じゃないよ」と伝えることもあります。

口や鼻のまわりをなめる

不安や緊張があり、自分を落ち着かせようとしているときに見られるしぐさです。苦手なことをされ、嫌がっているときもあります。その状況が嫌なので、していることをやめたり、その場から離れたりしましょう。

緊張すると
舌が出ちゃうの

目や顔をそむける

敵意はなくとも、「それは嫌」という気持ちを表しています。抱っこやハグなどをして、このサインが見られたらしつこくしないようにしましょう。

ストレスに気づいたら

人の苦手な子が
大勢に囲まれる

家族がケンカ
している

嫌な感触の
場所にいる

 など

その状況から離してあげて！
ストレスがあるときは、その状況から
離してあげるのが一番です。

留守番にチャレンジ

少しだけ離れる練習から始めよう

留守番は、飼い主さんが家にいられるときから練習を始めましょう。いきなり長時間の留守番をさせると、不安になり留守番が苦手になってしまいます。

まずは鳴かないでいられる距離だけ離れ、大丈夫なら「イイコ」とほめてあげましょう。おもちゃでのひとり遊びも促し、遊べたらまたほめます。ひとりでも鳴かずにいられる時間を少しずつ延ばし、留守番にならしていきます。

まだかなぁ…

留守番成功の6つのステップ

STEP 1

サークルやハウスにならす

留守番のときだけサークルやハウスに入れると、入るのを嫌がるようになります。ふだんから使って、「入るのはふつうのこと」にしておきましょう。

コングだけでなく、さびしくないよう大きめのぬいぐるみを置いてあげるのもいいでしょう。

STEP 2

おもちゃでひとり遊びを練習

サークル内には、ひとりで遊べるおもちゃ（➡ p.119）などを入れてみます。ひとりで遊べたら、「イイコ」とほめます。遊びで気が紛れているときなど、サークルから少し離れてみます。鳴いたり吠えたりせずにいられたら、ほめてから戻ります。

声がけはする？

おでかけするとき、声がけしたほうが納得して留守番できる子と、知らないうちに外出されたほうがあきらめがつく子がいます。声をかけると甘えてしまうタイプなら、そっとでかけたほうがいいですが、わからなければ両方試してみましょう。

STEP 3

部屋を出ていく

少し離れるのになれたら、サークルに入れたまま部屋を出ていきます。子犬にとってサークルが楽しく過ごせる居場所になっていれば、落ち着いていられます。

STEP 4

短時間ですぐ戻る

イイコ

最初はほんの1分程度離れ、すぐ部屋に戻ってきましょう。鳴かずにいられたら、しっかりほめてあげます。

STEP 5

3〜4を繰り返し練習

1分

数回3〜4を繰り返し、徐々に離れる時間を延ばしていきます。子犬が鳴いたり吠えたりする前に戻るのが、成功のポイントです。

STEP 6

家の外に出てみる

5分

人がトイレに行ったりお風呂に入っている時間を活用して、少しずつ犬がひとりで過ごす時間を延ばします。その後、5〜10分家の外に出てみるなど、家から離れる時間を少しずつ延ばして練習します。

信じて待てるようになれば **成功！**

　鳴かずに待っていられたらほめる、を繰り返すうちに、自信がついてきます。「飼い主さんは、いなくなっても帰ってくる」と信じ、長時間お留守番できるようになれば成功です！

信じてるワン

預けてお出かけ

お利口に待てるの

預け先の下見とお試しをしよう

飼い主さんが長時間留守にするときは、犬を預けるのもいいでしょう。ひとりで留守番するより、預け先によってはほかの犬と遊べるなど、もっと楽しく過ごせるかもしれません。

できれば2～3カ所の預け先を見学し、よさそうなところで短時間練習してみるといいでしょう。ワンコに合っていそうで、飼い主さん自身も安心、納得して預けられることが重要です。

預ける前にはコレを準備

- ☐ ワクチン証明
- ☐ 使いなれたベッドや毛布
- ☐ いつも食べているフード
- ☐ ペットシーツ（不要なことも）
- ☐ ハーネスまたはリードと首輪

預け先の選び方

1
下見し、うちのワンコに合っていそうか判断

2
本番前に数回、お試しで短時間預けさせてもらう

3
2回目に利用するときのワンコのようすをチェック

- 着いた瞬間、シッポを振る
- スタッフに近づいていく

など

預け先バリエーション

ペットホテル

ケージではなく、広い部屋で預かってくれるホテルも。多くは専門スタッフによるお世話が充実しています。

トリミングサロン併設のホテル

よく利用するサロンなら、犬が場所とスタッフになれているメリットが。過ごす場所はケージや専用の部屋などさまざまです。

動物病院併設のホテル

動物病院なら、体調不良にすぐ対処してもらえる安心感があります。過ごす場所はステンレスケージが多いようです。

ペットシッター

自宅に犬の世話をしにきてくれ、散歩もお願いできます。カギを預けるので、信頼できる人を探せるかがポイント。

Part 5 トレーニングと遊び

トレーニングが大切な
4つの理由

トイ・プードルは賢い犬種ですが、
しつけとトレーニングは欠かせません。
人社会のルールを学ぶだけでなく、
トレーニングを通じて信頼関係が築かれ、
飼い主さんとの絆が強くなります。

理由 1

人と暮らすうえでの マナーを学ぶ

　トイ・プードルにかぎらず、犬が人と暮らすには人社会のマナーを学ぶ必要があります。マナーがわからずやたらと吠えたり、かむなどのトラブルがあると、飼い主さんもプーも気が休まらないでしょう。トレーニングをして、人社会のマナーに沿って暮らしたほうがおたがいに幸せです。

人社会のルールを覚え、
行動できると、犬も幸せに暮らせます。

理由 2

強い絆が結ばれる

　子犬は、人社会の中で最初はどうふるまっていいのかわかりません。そこで、望ましい行動を教えてあげるのがトレーニングです。飼い主さんの指示に従って何かができることは、犬の自信につながります。「この人の指示に従えば安心」「一緒に何かすると楽しい」と思えるようになれば、自然と絆が強くなっていきます。

信頼してるの

きちんとできるよ

理由 3

性格ごとの弱点をサポート

興奮しがちな子は落ち着く練習をしてみたり、こわがりの子は自信がつくことをさせてみるといった具合に、その子の性格を見極めて行うとよいでしょう。ウイークポイントを改善して、できることが増えると、犬はより穏やかに、楽しく暮らせるようになります。

理由 4

犬の命を守る

トレーニングは、大事なワンコ＝"うちの子"の命を守ることにつながります。たとえば、重要なコマンド（指示）のひとつが、「マテ」。興奮してパニックになりそうなときや、車が来て危ないときなど、「マテ」で止まれれば命を守れます。そのほかにも「コイ」「ハウス」など、ふだんからできていれば、いざというときに役立ちます。

> トイプーのトレーニング

プー・トレ 成功のコツ

成功体験を積み上げる

最初は簡単にできるレベルから、スモールステップで進めます。難しくてできないことが続くと、トレーニングが嫌になります。成功体験を積み上げたほうが、犬もやる気が出ます。

できなかったら前の段階に

トレーニングは、あせらなくて大丈夫です。段階的に進め、うまくできないときは前の段階に戻りましょう。

コマンドは短く、はっきりと

指示の言葉＝コマンドは短く、はっきりとした言葉にします。くっきりした発音のほうが犬は聞きやすく、何をすればいいか理解しやすくなります。

短時間の練習を繰り返す

1回5〜10分ほどでトレーニングを終わらせます。ただし、しばらくは毎日繰り返しましょう。ある時期に集中して練習することで、記憶が定着します。

叱るよりほめる

失敗しても、叱るのはやめましょう。成功したときほめられることで犬は喜びを感じ、自信をつけます。「またほめられたい」「ごほうびをもらいたい」と意欲が出て、指示に従えるようになります。

トイ・プードルの本能と習性を理解しよう

満たしてあげたい、6つの欲求

犬にはもともと備わっている本能や欲求があります。大きく分けると下記の6つがあり、それらを満たしてあげることが、犬が人となかよく暮らすカギになります。

欲求が満たされないと、たとえばやたらと吠えたり、ものをこわしたり。犬が心身のバランスをくずし、問題行動を起こす心配があります。犬と幸せに暮らすためにしてあげたい6つのポイントを紹介します。

犬がもつ6つの欲求

1
かかわりたい！
遊びたい！
Social contact & Play

2
食べたい！
Eating

3
快適な体でいたい！
Grooming

6
カミカミしたい！
Chewing

5
吠えたい！
Barking／Howling

4
狩りたい！
探したい！
Hunting／Exploring

原案●加治のぶえ（おりこうワンちゃん）

102

心身のバランスを整える6つのPOINT

POINT 1　かかわりたい！　遊びたい！
Social contact & Play

　犬は社会性が高い動物で、「ほかの犬や人とかかわりたい」という欲求があります。日常的に散歩するだけでなく、一緒に遊んだり、ドッグランなどにも行くといいでしょう。

あら、好み♡

してあげたいこと

- [ ] **人と遊ぶ** ➡ p.118
- [ ] **朝夕の散歩** ➡ p.126
- [ ] **人の行き交う場所で散歩** ➡ p.130
- [ ] **ほかの犬とあいさつ** ➡ p.133
- [ ] **ドッグランへ行く** ➡ p.144
- [ ] **ドッグカフェへ行く** ➡ p.146

POINT 2　食べたい！
Eating

　"食べる"という行動は、犬にとって生きるために欠かせません。器に入れたフードを毎日与えるだけでなく、ときには犬自身が探したり、捕らえるなど本能を満たせる遊びも組み合わせてみましょう。

ヒダヒダに隠したフードやおやつを、においでかぎあてるノーズワーク。本能を刺激してくれます。

してあげたいこと

- [ ] **ノーズワーク** ➡ p.123
- [ ] **知育玩具で転がし食べ** ➡ p.163
- [ ] **どっちだ？**
  片手にフードを隠し、においでどちらの手かを当てさせる。当てたらごほうび。

POINT 3　快適な体でいたい！

Grooming

トイ・プードルは定期的にトリミングが必要な犬種です。家ではブラッシングし、毛並みを整えて毛玉ができないようにします。体の各部位をお手入れし、快適さを保つことも大切です。

気持ちいいの

してあげたいこと

- [ ] **トリミングへ連れて行く** ➡ p.168
- [ ] **ブラッシング・皮膚のチェック** ➡ p.180〜
- [ ] **目のお手入れ** ➡ p.190
- [ ] **歯みがき・口臭チェック** ➡ p.191
- [ ] **耳のお手入れ** ➡ p.192
- [ ] **爪切り・肉球まわりのチェック** ➡ p.193

POINT 4　狩りたい！ 探したい！

Hunting／Exploring

トイ・プードルは、もともと鳥猟犬として人を手助けしていました。その本能を発揮できるよう、においで探す、動くものを追いかける、捕まえる、持ってくるといった遊びを取り入れましょう。

してあげたいこと

- [ ] **引っぱりっこ** ➡ P.120
- [ ] **モッテコイ** ➡ p.122
- [ ] **ノーズワーク** ➡ p.123
- [ ] **自然の中を散歩** ➡ p.142

戸外でのモッテコイは、トイ・プードルが狩猟本能を発揮できる遊び。目が生き生きと輝きます。

POINT 5 吠えたい！
Barking／Howling

吠えたりうなったりすることは、犬にとって意思を伝える、コミュニケーション手段のひとつです。なわばり意識だったり、声で気にいらない相手を退けようとするなど、ごく自然な行動です。ただ、人にとっては吠えると困ることもあるので、「カットオフシグナル」で、やめられるようにするのが理想です。

狩りやカミカミしたいなどの欲求をしっかり満たすことで、吠えたい気持ちをおさえることができます。

ストップ

してあげたいこと

☐ **カットオフシグナルを教える**

ものごとを中断させるサインのことです。「サインを出せば、吠えるのをやめる」ようにトレーニングします。いたずらを止めるときにも使えます。

❶吠えたら、「**ヤメテ**」「**ストップ**」など決まった合図を出す。

❷やめなければ犬の正面に立ち、「**ヤメテ**」や「**ストップ**」を繰り返す。

❸吠えやんだタイミングで犬の正面をどき、ほめる。

※おもちゃやおやつで気を逸らすと、吠えやむことがあります。要求吠えの場合は、タイムアウト（➡ p.61）で反応しないようにしましょう。

POINT 6 カミカミしたい！
Chewing

狩猟本能から、トイ・プードルはかみたい欲求があります。特に子犬は、歯がむずがゆくてかむことも。かむことで、気持ちが落ち着くセロトニンというホルモンも分泌されます。

してあげたいこと

☐ **かじれるおもちゃを与える** ➡ P.119
☐ **引っぱりっこ** ➡ p.120
☐ **歯みがきガムを与える** ➡ p.191
☐ **ジャーキーやアキレス腱など歯ごたえのあるおやつを与える** ➡ p.157

※鹿角、ヒヅメなどは硬すぎて歯が折れてしまうこともあるため、あまりおすすめしません。

かじるの
大好き♡

楽しくすすめたい 基本トレーニング

ほめて、ごほうびを使い楽しく練習しよう

サークル、トイレの基本的なしつけができ、新たな環境になじんできたら基本のトレーニングを始めましょう。できそうなことから、少しずつ試します。

どのトレーニングも、うまくできたら、ほめてごほうびを与えるのがポイント。「ほめ言葉」のあとに必ず「いいこと」＝ごほうびがあることで、トイプーはほめられる行動を覚えます。「上手にできたら、いいことがある！」という体験を何度も繰り返すうちに、トレーニングが楽しくなっていくでしょう。やがて、ごほうびがなくても指示に従えるようになります。

いいことあるワン！

上手な「ごほうび」の使い方

期待のまなざし

最初は、食べ物で誘導する「フードルアー（ルアーリング）」でトレーニングするといいでしょう。
食べ物はドッグフードでかまいませんが、初めてのこと、難しいことに挑戦するときは特別おいしいものを与えるとやる気がアップします。食べ物に関心が薄い子は、空腹時に練習するか、大好きなおもちゃを使ってみます。

ごほうびは……

- できるたびにほめ、与える
- 一度にたくさんではなく、少量ずつ
- トレーニングの難易度に応じ使い分ける
- フードではなく、その子が大好きなことでもOK

基本
の
プー・トレ
1

オイデ（コイ、Come：カム）

呼べば、いつでも飼い主さんのところに来るようにします。
呼び戻しができると、家でも、ドッグランでも、さまざまな場面で使えます。

1 至近距離からスタート

オイデ

フードルアーを
使い、最初はごく
近くで「オイデ」、
あるいは「コイ」
「Come（カム）」と
呼んでみます。

2 来られたらごほうび

イイコ！

モグ
モグ

足元まで来られた
ら、「イイコ！」と
ほめてからごほう
びを与えます。

3 離れて呼んでみる

オイデ

①、②を繰り返し、できるようになったら少
し離れて呼んでみます。犬に覆いかぶさらな
いよう、体は少し引いておきます。

4 来るまで待つ

来るまでじっと待ちましょう。抱き上げよう
と手を伸ばしたりすると、逃げてうまくいき
ません。

5 ふれたらほめ、ごほうびを

イイコ！

モグ
モグ

フードを持つ手を
引き、飼い主さん
の体にふれるぐら
いまで来られたら、
ほめてごほうびを
与えます。

「オイデ」したら
苦手なことはしないで

　「オイデ」と呼んだら、歯みが
きやブラッシングなど、ワンコの
苦手なことをするのはやめましょ
う。「呼ばれて飼い主さんのとこ
ろへ行ったら、必ずいいことがあ
る」と覚えさせることが大切です。

オスワリ（Sit：シット）

犬を落ち着かせたいときにも使える、すべてのトレーニングの基本が「オスワリ」です。ほかのトレーニングをするときにも役立ちます。

1 鼻先でごほうびを見せる

親指と人さし指とでおやつをつまみ、鼻先に近づけましょう。においに反応し、犬は顔を上げます。

2 フードルアーで誘導

オスワリ

「オスワリ」と言いながら、ゆっくりとごほうびを犬の頭上に持っていきます。つられて犬も上を向き、腰は落ちてきます。

ここに注意 すわらなくても強く押さないで

「オスワリ」ですわらなくても、腰を押して無理にすわらそうとしてはいけません。かえって抵抗し、すわらなくなってしまいます。

NG!

3 すわった瞬間にほめてごほうび

イイコ！

犬がおしりを床につけたら、その瞬間に「イイコ！」とほめてごほうびを与えましょう。

④ 繰り返し練習する

オスワリ → イイコ!

フードルアーで誘導し、すわらせる動作を何度も練習しましょう。すわった瞬間にほめられ、ごほうびをもらえれば、何をすれば正解なのかわかってきます。

⑤ 声だけかけてみる

オスワリ

えーっと?

ごほうびの誘導でできるようになったら、「オスワリ」と声だけかけてみましょう。

言葉だけですわれたら、ほめて、ごほうびを与えてあげましょう。やがて、ごほうびがなくてもすわれるようになります。

⑥ 声だけで すわれれば成功!

イイコ!

これだ!

ハンドサインも試してみよう

指示するときは、一緒にハンドサインを試してみましょう。やがて指示とサインが結びつき、サインだけで動けるようになります。
「オスワリ」は、人さし指を立てるのがサイン。親指と中指でごほうびをはさみ、鼻先に近づけると腰が落ちてオスワリできます。

フセ（Down：ダウン）

「フセ」は、おとなしく待たせるときに役立ちます。フセができるときは、ワンコは
リラックスしています。また相手に敵意がなく、服従を意味することもあります。

① オスワリさせる

オスワリ

「オスワリ」をさせます。人さし指を立てる
ハンドサインを使ってみてもいいでしょう
（➡ p.109）。

② ごほうびを鼻先に近づける

フセ

ごほうびを鼻先に近づけ、「フセ」と言いな
がら、ごほうびの位置をゆっくり下のほうへ
ずらしていきます。

③ フセの姿勢へと誘導

ごほうびを追って、犬の体勢が低くなってき
ます。腰だけ浮いてしまうこともあります。
後ろ足が曲がるまで少し待ってみましょう。

④ できたらほめ、ごほうびを与える

イイコ！

前足の間に押し込むようにごほうびを動かす
と、腰が落ちてきます。後ろ足、お腹、ひじ、
前足の全部が床に着いたら、ほめてごほうび
を与えます。

こんな方法も！

"足くぐり"でフセの練習

なかなかフセできないときは、飼い主さんの足の下をくぐらせてみましょう。

イイコ！

食べられた！

1 片足を伸ばし、フードルアーでワンコが足の下をくぐるよう誘ってみます。少しずつ足の下の空間を低くしていきます。

2 ごほうびを追って犬が足の下をくぐり、前足、お腹、後ろ足が全部床につけたら「フセ」成功です。ほめて、ごほうびを与えましょう。

フセのハンドサインは

手のひらを床と平行にかざして、下げていきます。指の間にごほうびをはさみ、フードルアーでフセさせましょう。

フセできた♪

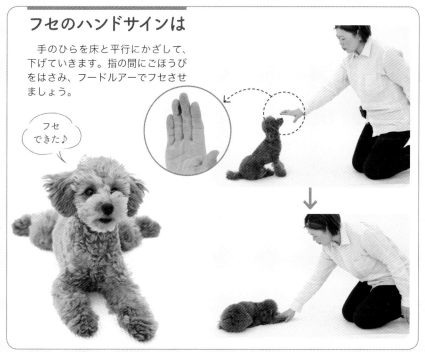

マテ（Stay：ステイ）

大事な "うちの子" をその場にとどめる重要なコマンドです。ほかの犬や猫などに向かっていったり、逃げ出しそうなとき、「マテ」で静止できれば不要なトラブルを避け、命を守れます。

1 目前で「マテ」を指示

マテ

犬の目の前に立ち、まず「オスワリ」をさせましょう。「マテ」と言いながら、手のひらで犬の目線をさえぎります。

2 待たせたまま、一歩下がる

ん？

「マテ」させたまま、飼い主さんが一歩だけ下がります。最初は遠くに離れる必要はありません。

3 犬が動き出す前に戻る

戻ってきた♡

1秒ぐらいですぐ戻りましょう。犬が待ちきれず、動き出す前に戻るのがポイント。失敗させないほうが、早く「マテ」を覚えます。

4 ほめて、ごほうびを与える

イイコ！

モグモグ

飼い主さんが戻るまで犬が動かずに待てたら、ほめてからごほうびを与えます。❶〜❹を何度か繰り返しましょう。

5 だんだん距離を離していく

マテ

近距離で「マテ」できるようになったら、だんだん距離を離していきます。「マテ」のスタート地点は同じです。

6 指示を出しながら離れる

戻ってくるよね…

「マテ」と言いながら、飼い主さんが離れていきます。1歩の次は数歩といった具合に、少しずつ遠くにいきましょう。

7 犬が動き出す前に再び戻る

信頼してるもん

距離をあけてからも、失敗させないよう犬が動く前に戻ります。距離も待たせる時間も、少しずつ延ばしてみましょう。

8 待てたらごほうびを与える

来てくれた！

モグモグ

動かずに待っていられたら、そのたびにほめてごほうびを与えましょう。「待っていればいいことがある」と理解してくれます。

9 最後は「マテ」を解除

ヨシ

わ〜ぃ♪

がんばったね！

好き好き♡

トレーニングを終えるときは、「ヨシ」で「マテ」を解きましょう。来たら、たくさんほめてあげます。

ハウス（House：ハウス）

ハウス（クレート内）は、犬にとって安心できる居場所です。無理に押し込めず、「入ってみたら心地よかった」と思えるよう導いてあげましょう。

1 フードルアーでクレートに誘導

ハウス

まずはおやつで、犬の気を引きましょう。飼い主さんに注意を向けたところで、「ハウス」と言いながらおやつをクレートの中に入れます。

2 扉は開け、犬の好きにさせる

おいしいもの
あった！

おやつにつられ、犬が中へ入っていきます。最初のうちは扉を開けたままにし、食べたら出てきても好きにさせてあげましょう。

3 「ハウス」の合図で入れたらごほうび

ハウス

モグ
モグ

①、②をしばらく練習したら、「ハウス」と声をかけて少し待ってみましょう。自分から入れたら、たくさんほめてあげます。

入ったら、中にいる状態でおやつを与えます。いる間中あげれば、「中に入ればいいものがもらえる」、と条件づけられていきます。

④ 長く遊べるおもちゃに変える

「ハウス」の合図でクレートに入るのになれたら、食べ物を入れたコングなど、クレート内でも長く遊べるおもちゃなどを入れ楽しく過ごせるようにします。扉はまだ開けたままです。

⑤ 扉を閉めてみる

クレート内で遊べるようになったら、扉を閉じてみましょう。ただしカギはかけず押せば開くようにしたまま、最初は数秒から、だんだんと扉が閉まっている時間を長くしていきます。嫌な経験をしなければ、閉じ込められないことが理解でき、クレート内で落ち着いて過ごせるようになります。

ボクの
おうち♡

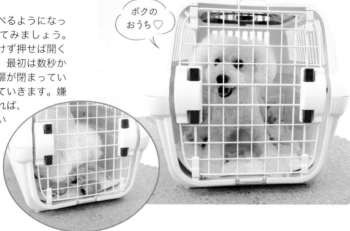

Point！

災害時に役立つ「ハウス」のしつけ

「ハウス」のしつけは、災害が起きたときのためにも大切です。クレートに入れられれば連れ出しやすく、徒歩の場合は危ない道など歩かせずにすみます。多くの避難所は人とペットのエリアは分けられ、一緒にいられても放し飼いはできません。ふだんからクレートに入るのになれていれば、中で落ち着いて過ごせ、犬自身のストレスを減らせます。

日ごろからペットとの避難も考え、避難ルートと、一緒に行ける避難所はあるかを確認しておきましょう。

お手入れしやすくする
プー・トレ応用編

トイ・プードルは、ブラッシングなどお手入れのために足先やマズルにさわれるようになっていると便利です。

抵抗なくふれさせてくれるように、ならしていくトレーニングをぜひ行いましょう。

オテ（Hands：ハンズ）●足先をさわることになれる練習

1 ごほうびをにぎり、鼻先に出す

「オスワリ」をさせ、片手にごほうびをにぎって犬の鼻先に出します。犬はにおいをかぎ、興味を持ちます。

2 手を出したら、「オテ」と言う

飼い主さんがこぶしをにぎったままでいると、犬は前足でふれようとします。前足が出たら、「オテ」と言いましょう。

3 手にふれたらほめてごほうび

飼い主さんの手に犬の足がふれたら、「イイコ！」とほめて手の中のごほうびをそのまま与えます。

4 手だけで「オテ」できれば成功

①〜③を何度も練習し、「オテ」ができるようになってきたらごほうびなしで手を出し、同様に「オテ」できたら成功です。ほめて、反対の手でごほうびをあげます。その後、オテした前足を軽く握るなどして、人がふれている時間を長くしていくといいでしょう。

タッチ（Touch：タッチ）●ふれられるのが苦手、人の手がこわい子におすすめ

1 ごほうびをにぎり、鼻先に出す

何かな？

手のひらに置いたごほうびを親指で隠し、そのまま犬の鼻先に近づけて興味を引きます。

2 手にふれたらごほうび

タッチ

モグモグ

手に鼻先がふれたら「タッチ」と言い、ほめてごほうびを与えましょう。何度も繰り返し、ごほうびなしでもできるようにします。

オハナ（鼻＝Nose：ノーズ）●口のまわりをさわることになれてもらう練習

1 あごの下にふれる

あごの下を軽く手でふれます。ふれられることになれてきたら、写真のように手のひらをU字にしてあごにふれることにならします。

2 軽くマズルをつかむ

マズルまわりはとてもデリケート。まずは軽くつかむことにならしていきましょう。

3 自分からふれるように誘導

「オハナ」の合図で犬がU字の手の形にマズルを入れたら、ごほうびをあげます。入っている時間をだんだん長くします。最終的に指先で輪を作り、その輪にマズルを入れられるようにします。嫌がるときは無理しないようにしましょう。

オハナ

モグモグ

"かまって"なプーだから
一緒に遊ぼう！

本能を満たせる遊びをしよう

トイ・プードルは鳥猟犬だったので、狩猟本能を満たしつつ、人とかかわれる引っぱりっこ（➡ p.120）やモッテコイ（➡ p.122）のような遊びが大好きです。遊ぶことで本能的な欲求が満たされ、絆も深まっていきます。お部屋でも、たくさん一緒に遊んであげましょう。

でも、テンションの上がりすぎには注意が必要です。勢いあまって着地に失敗したりして、思いがけず骨折したり関節を傷めることも。飼い主さんがコントロールしてあげましょう。

ボールを使っての遊びも、トイプーは得意です。

遊びやトレーニングで気をつけたいこと

床はすべらないか

フローリングは、すべって関節や靭帯を傷める心配があります。コルクやタイルマット、カーペットなどすべりにくい床材の上で遊ばせましょう。

安全かどうか

おもちゃはかじっても安全なものを用意します。かじって食べてしまうプーには、特に丈夫でこわれにくいおもちゃを選んで。ほつれた糸やボタンなどは、誤飲防止のため除いておきます。

興奮しすぎないか

夢中になると、猛ジャンプしたりかんだり、吠え続けることがあります。ケガや事故につながったり、近所迷惑になる心配があるので、過度に興奮する前に遊びを中断します。

飼い主さんが主導権を握っているか

犬と遊ぶときは、飼い主さんが主導権を握ります。遊んでいても、飼い主さんが「ダセ」のコマンドを言ったら口から離させるなど、ルールを決めておきます。

おすすめ おもちゃ

人と遊ぶと楽しい

一緒に遊ぶことで、コミュニケーションがとれ、
絆を強めてくれるおもちゃです。

「モッテコイ」をしたり、
かじって遊ぶこともできます。

引っぱりっこで使えます。途中
で投げて、「モッテコイ」をし
てもいいでしょう。ロープが長
いほうが、手をかまれにくく甘
がみ対策になります。

大きめのぬいぐるみは、
甘がみ対策にも
使えます。

ひとりでも遊べる

ひとりで遊ぶ時間も作ってあげると、自立心が養われます。
カジカジできるおもちゃがおすすめです。

木製やゴム、フワフワ、
カシャカシャなど、いろ
いろな感触があるとかみ
心地の違いを楽しめます。

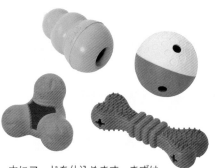

中にフードを仕込めます。まずは
においに気を引かれ、フードを取
り出そうと長く遊んでくれます。

119

引っぱりっこ

鳥猟犬だったトイプーは、かんだり、引っぱったりする本能があります。
その要求を満たしてあげられる遊びのひとつが、引っぱりっこです。
ひも付きのおもちゃで、いっぱい遊んであげましょう。

1 ロープをゆらして誘う

少し長めのロープのおもちゃを、犬の鼻先に
近づけてゆらしてみましょう。興味を示し、
においをかいだり、かじろうとします。

2 くわえたらほめ、引っぱる

お、
いいぞ！

イイコ！

犬がロープをくわえたら、
ほめてあげましょう。飼い
主さんが少しロープを引く
と、犬も引っぱり始めます。

3 引っぱりっこを楽しむ

えい
えい！

犬が引っぱり出したら、力を加減して飼い主
さんが引いたり、犬に引かせたりします。し
ばらく、そのやりとりを楽しみましょう。

4 ときどき休憩をはさむ

興奮しすぎないよう、ときどき手を離して休
憩をはさみましょう。うなったり首を横にふ
り始めたら、手を離し遊びを中断します。

ここに注意 ロープは長めに持って

引っぱりっこのロープは、長めに持ちま
しょう。あまり近いと、歯が飼い主さんの手
に当たってしまう心配があります。また、興
奮しやすい子の場合は、ロープをくわえたら
横方向に振らないほうがいいでしょう。いっ
そう興奮しやすくなります。

かんじゃいそう

プーと遊ぼう **2** チョウダイ

おもちゃに夢中になると、くわえて離さないことがあります。
遊びの延長で、飼い主さんの指示で離せるようにしましょう。
興奮しすぎや、拾い食いを防ぐのにも役立ちます。

1 ごほうび入りおもちゃを置く

いい
におい

目の前でおもちゃにフードなど
ごほうびを入れ、そのままおも
ちゃを置きます。

2 おもちゃを返してもらう

え、
もう？

チョウダイ

犬がおもちゃをくわえたら、「チョウダイ」
と言いながら返してもらいましょう。

3 ごほうびをあげる

あの中に
いいものが…

モグ
モグ

返してくれたら、ほめながら
おもちゃの中からごほうびを
出し与えましょう。

4 **2**〜**3**を繰り返す

何度か**2**〜**3**を練習します。だんだん、渡せ
ばごほうびをもらえるとわかってきます。

5 渡してくれたら成功！

ひろって…

チョウダイ

どうぞ

イイコ！

指示の意味を理解すると、犬は飼い主さんの手までおもちゃを運んで渡してくれるようになります。

モッテコイ

3

狩った鳥を人に運ぶ動きで鳥猟犬の本能を発揮でき、人と遊ぶ楽しさも味わえます。戸外でのボール遊びの前段階として、すべらない床のお部屋で行いましょう。

1 好きなおもちゃを見せる

ボールなど、くわえやすく好きなおもちゃを見せます。興味を示さなかったら、獲物のように目の前で素早く動かしてみましょう。

2 近い場所に転がす

モッテコイ

「モッテコイ」と言い、最初はすぐ近くに軽く転がします。おもちゃをくわえなくても、少しでも追いかけたら「イイコ」と、ほめて。

3 「コイ」で呼び戻す

コイ

くわえたらほめ、「コイ」と戻って来るよう誘います。戻れたら、ほめてあげましょう。

4 戻って渡せたらごほうび

イイコ！

モグ
モグ

おもちゃを離せたらごほうびを。興奮する子は、一度「オスワリ」させるといいでしょう。

5 繰り返し練習し、距離を延ばす

どうぞ

何度か近距離で❶～❹を繰り返すうちに、「おもちゃを持っていくといいことがある」と理解します。だんだんと、距離を延ばしていきましょう。

プーと遊ぼう 4

ノーズワーク

隠したフードのにおいをかぎ当て、探し出す遊びです。本能が刺激され、能力を発揮でき狩猟欲求が満たされます。10分のノーズワークは1時間の散歩に匹敵するといわれるほど心地よく疲れるので、散歩に行けないときにもおすすめです。

ノーズワーク用おもちゃを活用

マットタイプ

ノーズワーク用おもちゃのひとつがマットタイプです。ひらひらのついた部分にフードを隠します。においに興味を示し、最初はかぐだけかもしれないですが、やがて鼻先や前足を使い取り出そうとします。鼻や足を使ったら、しっかりほめましょう。

この中に…

容器に隠すタイプ

ふたの下に隠すタイプも。隠し場所1カ所につき、フードは1個ずつでOKです。なれてきたら、隠す数を減らし難易度を上げます。

ここかな？

2

3

あった！

1

おもちゃにはさまざまなタイプがあります。
飽きないよう、日替わりで使うのもいいでしょう。

身近なものでノーズワーク

① 隠すところを見せる

ハンドタオルなど、小さなタオルにフードをはさむところを見せましょう。犬はにおいにもつられ、興味を示します。

② 頭も体もフル回転で探す

犬は頭や嗅覚、足先をフルに使って探し始めます。家の中ででき、五感も刺激されるので体力の落ちたシニア犬にもおすすめ。

③ いろいろな折り方を試す

その子のレベルに合わせて、2つ折りの次は4つ折り、次はロール状といった具合にタオルのたたみ方を変えて難易度を上げられます。隠す位置も、取り出しやすい位置から奥へと変え、チャレンジさせてみましょう。探し方が上達してきます。

コロ
コロ
して…

④ 難易度アップ！

絶対
食べる！

さらに難易度を上げ、結んだタオルにフードを仕込みます。タオルの数を増やしたり、結んだタオルを紙コップに詰めたりしてバリエーションを増やすと良いでしょう。

Part **6** 散歩とお出かけ

お散歩の
4つのメリット

鳥猟犬だったトイプーは、散歩が大好きです。
ワンコの動きたい欲求を満たし、
飼い主さんには犬を通じた出会いの機会にも。
ワンコにも飼い主さんにも、いいこといっぱいです。

散歩に行くと
五感をフル回転させ、家とは
違う表情を見せてくれます。

メリット 1

生活にメリハリがつく

　家で過ごすだけでなく、戸外で刺激を
受けると生活にメリハリがつきます。心
身ともにリフレッシュし、精神的に落ち
着くともいわれています。

　犬はもともと、朝と夕方に活動量が上
がる動物です。朝夕の散歩は、体内リズ
ムにも合い理にかなっています。

メリット 2

絆が深くなる

　散歩をすることで、ワンコとの絆は深
くなります。飼い主さんが主導権を握り、
楽しいことをたくさん体験させ、こわい
ことから守ってあげましょう。「飼い主
さんについていれば安心」「一緒にいると
楽しい」と感じ、飼い主さんへの信頼感
が増していきます。

犬はもともと社会性があるので、
友だちと一緒に歩くのを楽しみます。

チーム
なんだ

走るの
大好き♡

公園でモッテコイなどをして
体を動かすのもいいでしょう。

メリット 3

健康維持に役立つ

　健康維持にも、適度な散歩は役立ちます。愛玩犬とされるトイプーですが、もとは鳥猟犬だったので実は運動量が必要です。1日中部屋にこもっていると、運動不足になってしまいます。適度な散歩で、筋力低下や肥満を予防することができます。

メリット 4

社会性が養われる

　散歩は、犬の社会性を育てるメリットもあります。公園やドッグランでほかの犬と接することで、トイプーは犬同士のあいさつや遊び方、犬社会のルールを学びます。飼い主さん以外の人との交流やさまざまな環境の体験を通じ、好ましいマナーも覚えます。

ここに注意

トイ・プードルの散歩時間は？

　一般的に小型犬は1日1～2回、20～60分ほどといわれていますが、鳥猟犬だったトイ・プードルの散歩はやや長めが理想です。1日60分ほど、2～3回に分けて行うといいでしょう。1回に長く歩きすぎないことで、関節の負担を減らせます。

お散歩
楽しみ♪

飼い主さんにもメリットが！

プー散歩は、飼い主さんに
幸せを運んでくれます。
一緒にいられる時間を大切に、
お散歩を楽しみましょう！

気分転換
できる

地域社会と
つながる

運動不足を
解消

犬友ができる

127

お散歩の準備をしよう

必要なグッズは、お散歩デビューの前にそろえておきましょう。ワクチン接種を終え、2週間経てば散歩に出かけられます。

いきなり子犬に首輪をつけて歩かせるのは難しいので、練習が必要です。まずは、家の中での練習からスタートしましょう。

デビュー前の3STEP

STEP 1　散歩グッズをそろえておこう

散歩バッグ

水の容器やマナーバッグ、おもちゃなどはバッグにまとめると便利。ショルダーバッグなど両手が空くタイプのものがおすすめです。

ハーネス

トイプーの骨は細く華奢なので、首に負担がかかりにくいハーネスがおすすめ。胴体に装着するので、力が分散され負担、不快感を軽減。

リード

素材は布製やナイロン製、革製などさまざま。トイプーには軽いものがよく、体格によるが10〜12mmほどの幅で、1.2〜1.4mほどの長さのものがおすすめ。

トリーツポーチ

ごほうびを入れるポーチ。必要なときに片手でサッと取り出せる。

給水ボトルと器

水を飲ませたり、オシッコしたあとに水をかけて流すための必需品。

マナーポーチ

排泄物を拾った後は、消臭機能のあるポーチに入れて運ぶとスマート。

マナーバッグ

排泄物を拾うバッグ。ビニール袋でもOK。

STEP 2　家でハーネスにならそう

　ワンコによっては、体に何かが密着するのを嫌がります。デビュー前から、ハーネスにならしましょう。初めて装着するときは、2人いると楽です。ひとりがおやつやおもちゃで気を引き、もうひとりが着せます。犬は正面から来られるのは苦手なので、着せる人は後ろにすわりましょう。

前足を1本ずつハーネスの穴に入れます。足は横に広げず、関節は歩くときと同じ方向にそっと曲げましょう。

おいしいものだ…

片方の足が穴に通ったら、もう片方の足も穴に入れます。同じ穴に入れないよう気をつけます。

モグモグ

背中のバックルを締めます。ひとりのときは、片足でおもちゃを押さえて犬の気を引きながらやってみましょう。まずなれてもらうため、ハーネスをつけた状態でおもちゃで遊んだり、ごはんを食べたり、犬が楽しいことをします。

STEP 3　家で歩く練習もしてみよう

　ハーネスの装着は短時間から始めます。つけているのになれてきたら、リードを持って室内を歩いてみましょう。名前を呼びながら、フードルアーで人の横（ヒールポジション➡ p.137）に来るよう誘導します。「目が合ったらごほうび」を繰り返すと、ついて歩けるようになってきます。

トイプーと初めての散歩

急がず、段階的に進めていこう

子犬にとって、散歩は冒険です。足裏で感じる感触や、家にはない草や土のにおいなど、すべて初体験です。

ワクチン接種前は抱っこで出かけてならし、その間も家での練習は続けます。いよいよ散歩デビューするときも、「最初は地面に下ろすだけ」といった具合に、少しずつ進めましょう。

散歩は刺激がいっぱい。散歩中のトイプーは、生き生きとした顔をしています。

＼散歩デビューの3STEP／

STEP 1 抱っこで散歩

ワクチンを終え、本格的に散歩デビューする前から外デビューしておきます。キャリーバッグに入れたり抱っこしてお散歩ルートを歩き、風景や聞こえる音、においなど環境にならしましょう。ハーネスもつけておきます。

ここに注意

すわり込んでも、無理強いは禁物

散歩デビューしたての子犬は、こわかったり、疲れたりして立ちつくしたり、すわり込むことがあります。でも、そんなときに引っぱって無理させないようにしましょう。

飼い主さんが楽しそうに歩くまねをしたり、ごほうびを鼻先で見せ歩くよう誘導してみましょう。あまり歩かなければ、その日はおしまいにします。

STEP 2　初散歩は公園などで

　散歩デビューは、交通量が多い道沿いではなく、近所の公園など安全な場所を選びましょう。デビュー前に抱っこで行ったところのほうが、子犬はなれていて安心できます。

　悪天候だと音や風など子犬の負担が大きいので、穏やかな日にします。

抱っこしたり、キャリーバッグに入れて、以前に行ったことのある公園など安全な場所に連れていきます。

公園に着いたら、地面にそっと下ろしてみましょう。初めて踏んだ土の感触に、立ちつくしてしまうこともあります。

においをかいだり、自由にさせてあげましょう。少しでも歩ければ、初日は上出来です。歩いても、はじめのうちは短距離、短時間だけにしましょう。

STEP 3　家から歩かせてみる

　家から歩かせるときは、人が先に出て呼び、ごほうびで誘ってみましょう。無理に引っぱらず、歩いて出てくるのを待ちます。

プー散歩を楽しむコツ

散歩は楽しいリフレッシュタイム

トイプーは小型犬の中でも運動量が多く必要です。できれば朝夕の1日2回、毎日散歩に出かけましょう。年齢にもよりますが、1日60分は歩けるのが理想。飼い主さんも気分転換でき、運動不足を解消できます。

雨のときは無理に出かけなくてもいいですが、いつもよりたくさん室内で遊んであげましょう。

楽しくて、つい引っぱり気味になることも。ツイテやヒールウォークを練習しましょう。

散歩上手になる POINT

飼い主さんと一緒に歩く

散歩は飼い主さんに合わせて歩いてもらうのが理想です。デビュー前に室内でツイテやヒールウォーク（➡ p.136）を練習しておきましょう。

犬はリードの長さを感覚的に覚えます。感覚をつかみにくい伸縮リードは、通常の散歩では使いません。

トイレはすませてから行く

散歩でオシッコやウンチをするクセがつくと、家でしなくなることがあります。家でできないと、暴風雨でも外に出る必要があり犬も人も大変です。トイレのための散歩にならないよう、すませてから出かけましょう。

時間は決めない

散歩は、毎日時間をずらして行いましょう。いつも決まった時間だと、その時間になるとソワソワしたり、吠えて催促するようになります。いつ行くかわからないほうが、気になって飼い主さんに注目してくれるようになります。

ここに注意

排泄後は片づけよう

オシッコやウンチはなるべく家ですませますが、外でしてしまったらオシッコは水をかけて流し、ウンチはマナーバッグに入れて持ち帰るのがマナーです。人の家の庭先や生垣では、させないようにしましょう。

ほかの犬に会ったら「素通り」

ほかの犬と会ったときは、吠えたり向かっていったりせず、落ち着いてすれ違えるのが理想です。相手を見ても気にせず歩ければ、そのまま通り過ぎましょう。

セラちゃん

ほかの犬を見たら、すれ違う手前でごほうびを用意します。名前を呼び、注意を自分に引きつけましょう。

イイコ！

アイコンタクトがとれたら、ほめてごほうびを与えます。

何もなかったようにすれ違えたら、再びしっかりほめてあげましょう。

ごあいさつできることも

犬にも相性があります。飼い主さん同士が声をかけあい、おたがいなかよくできそうなら、犬同士あいさつさせてもいいでしょう（→ p.143）。トイプー同士は、比較的なかよくできることが多いようです。

でも、なかよくできないこともあるので油断は禁物です。一方が急に近づいたり、いきなり顔を突き合わせるとケンカになる心配があるので、気をつけましょう。

お散歩ファッションを楽しもう

かわいいトイプーは、お出かけファッションも存分に楽しめます。UVカット素材のウエアもあり、紫外線対策できたり、冬は防寒の意味もあります。最初は脱ぎ着が楽な背中がボタンになっているタイプがおすすめです。かぶって着る服は、タンクトップから試してみるといいでしょう。

夏の装い！

フェミニンに♡

帽子は嫌がる子も多いので、最初は短時間だけつけ、その間に遊んでならします。

女の子にはレースも似合います。UVカットやクール素材も。

おしりを丸くカットした子は、スカートで強調するといっそうかわいく。

服の着せ方

① 最初はフードで誘導して、首を入れさせます。

② 首を入れたら、片方ずつ足を通して。犬は肩関節もひざも、横には開きません。関節を傷めないよう、前後方向の自然に曲がる方向に曲げて着せましょう。

ぬく
ぬく

マフラー
つき！

トイプーは被毛が
シングルコートといって
一重なので寒がりです。
冬はあたたかめの服を
着せてあげましょう。

ロンパース

レインウエア

上下ツナギのロンパー
スは、服を着るのにな
れてからがおすすめ。
外遊びが大好きな子は、
半袖や長袖だと汚れが
少なくてすみます。背
中側にボタンや面ファ
スナーがあると、脱ぎ
着が楽♪

ワンコ用の
レインウエアもあります。
雨や雪の日用に一着あると
便利です。

脱がせ方

① 関節を傷める心配があるので、脱がせるときにバ
ンザイさせないで。着せるときと同様に、自然に関
節が動く前後方向に曲げ、ひじからそっと抜きます。

② 両方の足が抜けたら、胸を押さえて頭の
上のほうから脱がせます。

135

プー散歩の基礎トレーニング

横について歩けるようになろう

散歩では、ワンコはあちこちににおいをかいだりしながら自由に歩き回ります。でも、それだけでなく飼い主さんの横について歩くこともできるといいでしょう。近くを一緒に歩ければ、ほかの人や犬とのトラブル、車やバイク、自転車との接触事故を防げます。

ついて歩く練習は、最初は気が散るものの少ない室内で行います。できるようになってから、戸外で行います。

| プー散歩の基礎トレ **1** | ツイテ（Heel：ヒール） | ヒールウォーク（Heel Walk） | 室内編 |

「ツイテ」のコマンドで、飼い主さんについて歩く練習です。
最初は室内で行うといいでしょう。

1 フードルアーで誘導

ツイテ

ごほうびを鼻先にもっていき誘導する、フードルアーを使って近くに来させます。

2 横に来たらごほうび

イイコ！

モグモグ

体の横に来たらごほうびをあげましょう。

③ ごほうびについて歩かせる

ツイテ

イイコ！

モグ
モグ

体の横のヒールポジションを保ったまま、フードルアーでついて歩いてみます。ごほうびは、必ず体の横＝ヒールポジションで与えましょう。

④ 声をかけながら歩く

ツイテ

「ツイテ」と声をかけながら、まっすぐ歩いてみましょう。

⑤ 横をついて歩けたらごほうび

イイコ！

モグ
モグ

ここにいると
おいしいものが
もらえる！

横に来たら、歩きながらほめてごほうびを与えます。繰り返すうちに、ごほうびなしでできるようになります。

137

ツイテ（Heel：ヒール）｜ヒールウォーク（Heel Walk）

飼い主さんの横の位置＝ヒールポジションにつけるようになったら、そのポジションをキープしたまま歩く練習をしてみましょう。

1 体の横につかせる

人の体の横側（ヒールポジション）に来るよう誘導し、歩き出します。ごほうびで誘ってもいいでしょう。

2 名前を呼んでみる

セラちゃん

少し歩いたら、名前を呼びます。リードは、少したるませたまま歩きましょう。リードを引っぱると、犬も負けじと引っぱってしまいます。

ここに注意 リードをゆるませて持とう

リードは引っぱらず、Jの字のようなカーブを描くのが理想です。人が引くと犬も引っぱってしまうので、常にたるみをもたせるよう心がけます。

3 見上げたらほめる

イイコ！

名前を呼んで飼い主さんを見上げたら、ほめましょう。止まらず、歩き続けながら行うのがポイントです。

④ 歩きながらごほうび

ほめたら、歩き続けながらごほうびを与えます。犬が横についている間は、絶えずほめてごほうびをあげましょう。

⑤ ②〜④を繰り返す

わーい♪

「飼い主さんの横にいたら、またもらえそう」と、犬は飼い主さんに注目しつつ歩くようになります。だんだん、ごほうびなしでできるようになります。

Point！ ● ● ●

リードのにぎり方

①

まずリードの端の輪に手を通しますが、そのまま握らないようにします。

ハーネスを使うときの注意点

ハーネスは犬への負担が軽減される一方、強い力で引っぱると、ハーネスが首から抜けてしまう危険があります。サイズをよく確認してゆるすぎないようにしましょう。ハーネスと体の間に、指１本分くらいの余裕があるのが目安です。

②

リードにたるみを作ってからにぎり、できた輪が親指側、長いほうが小指側から出る状態にします。こうすると、とっさのとき手前に引いたり、伸ばしやすくなります。

マテ（Stay：ステイ）

とっさに止まらせることができる、「犬の命を守るコマンド」といわれています。
家で練習（➡ p.112）してから、外でもできるようにしましょう。

1 向かい合い「マテ」を指示

マテ

向かい合って「オスワリ」させ、「マテ」と
言いながら手のひらで犬の視線をさえぎりま
す。ハンドサインを見せると、コマンドと一
緒に覚えられます。

2 「マテ」のまま、後ろに下がる

マテ

犬を「マテ」させたまま、後ろに下がります。
犬が動き出す前に戻り、ごほうびをあげましょ
う。何度か繰り返し、離れる距離と待たせる時
間を少しずつ長くします。

3 リードの長さ分を離れ、待たせる

イイコ！

なれてきたらリードの長さ
だけ離れ、しばらく待たせ
てみます。「マテ」できたら犬のところまで戻
り、ほめてごほうびを与えましょう。

4 少しずつステップアップ

マテ

リードの長さ分離れてもちゃんと待てるよう
になったら、練習をステップアップさせてい
きます。離れてから、犬のまわりを円を描く
ように歩いてみましょう。

⑤ 後ろにまわり込む

「マテ」＝動かないことが理解できていれば、犬は待っていられます。ゆっくりと、犬の後ろのほうに歩き続けましょう。

⑥ 動きそうなら「マテ」を指示

マテ

後ろにまわり込むと、犬は不安になり振り向くかもしれません。動いてしまいそうなら、「マテ」を再び言って制止させます。

⑦ マテしている間は、そのまま

ちゃんと「マテ」できていたら、反対側をまわってもとの位置まで戻りましょう。途中で止まっていられなくなったら、動かないでいられる手前までを再び練習します。

⑧ ずっと「マテ」できたらごほうび

イイコ！

飼い主さんがまわりを歩く間、周りに気をとられず集中してずっと待てれば成功！ 犬に近づき、「ヨシ」と解除の合図をしてからほめてごほうびを。

ここに注意

拾い食いはさせないで

コレと交換しよう！

　犬が拾い食いしそうになったら、名前を呼んで意識をそらせます。口にすると命にかかわるものもあり、拾い食いは危険です。散歩中は常に犬に注意を払い、拾い食いを防ぎましょう。

　外で何か口に入れるとあわてて取り出したくなりますが、無理すると犬はかえって早く飲み込もうとします。おもちゃやおやつを見せ、口にしたものと交換するのが正しい対処法です。

公園・ドッグランで遊ぼう

メリハリのある散歩ができる

公園やドッグランがあれば、ぜひ足を伸ばしましょう。散歩の基本は横につかせるヒールウォークですが、散歩中ずっとそのままの必要はありません。公園など安全なところでは、自由に歩かせてあげましょう。

散歩中、ワンコは情報収集でにおいをかぎたがります。公園やドッグランなら住宅街と違って気兼ねなくかがせられ、ワンコの本能を満たせて散歩の楽しさがアップします。

公園でプー散歩

個性に合わせて楽しもう

トイプーの性格もさまざまで、ほかの人や犬に興味津々な子もいれば、マイペースで散歩を楽しむ子もいます。他人の迷惑にならない範囲で自由にさせ、欲求を満たしてあげましょう。

犬は全般に急な動きが苦手で、誰かがとび出してきたりすると、驚いて吠えかかることがあります。リードをうっかり離さないよう注意しましょう。

こんにちは

大きいワンコが好きな子もいれば、こわがる子も。ようすを見てあげましょう。

公園での基本マナー

- リードをはずさない
- オシッコしたら水をかける
- ウンチは持ち帰る
- 砂場や花壇で遊ばせない
- ブラッシングしない

ここに注意

「さわっていいですか」と聞かれたら

トイ・プードルはかわいくて、知らない人からも「さわっていいですか」とよく聞かれます。人が好きならいいですが、中には知らない人が苦手な子も。特に子どもは、急な動きが多く苦手なことが多いものです。無理させず、やんわり断ってもいいでしょう。

プーとワンコのごあいさつ

犬は社会性の高い動物です。ほかの犬に会って交流できそうなときは、させてあげましょう。

でも、中にはほかの犬が苦手だったり、吠えたりしてしまう犬もいます。不用意におたがいを近づけず、飼い主さん同士で声をかけあい、あいさつさせても大丈夫か確認しましょう。

あいさつのしかた

1 ゆっくりと近づける

ワンコたちは、肛門腺から出る分泌物のにおいでおたがいの情報を交換します。近づけるときは、ゆっくりと。おそるおそる近づく子は、ペースに合わせてあげましょう。

あら、好みのタイプ

あいさつの最初は軽くかぎあいます。

2 おしりのにおいをかぎあう

一方がおしりのにおいをかいだら、次はもう片方のワンコがかぎます。一方がかがせたがらなければ、無理はしません。

3 なかよしになることも

においをかぎあうと、おたがい情報交換できて落ち着くのか、一緒に遊ぼうとしたり、逆にあっさり離れることも。犬まかせでいいでしょう。

ここに注意

犬同士のトラブルを防ごう

急に顔をつき合わせると、ケンカが始まってしまうことがあります。なかよくなれそうと思っても判断は難しく、パッと見ではなかなかわかりません。近づけるときは正面を避け、遠回りしながらゆっくり近づけましょう。

ドッグランで遊ぶ

しつけができてから行ってみよう

ドッグランは、リードをはずして犬が遊べる専用エリアです。最低限、呼び戻しの「オイデ（コイ）」と、「マテ」など基本のしつけができるようになってからデビューしましょう。

ドッグランには、いろいろな犬が来ます。自分のトイプーから、絶対に目を離さないようにしましょう。

ヒャッホ〜

自由に走れて、
トイプーも表情が輝きます。

CHECKしよう！

行く前にチェック！

ドッグランはいろいろな犬が交流するので、感染症予防に努めることも大切です。ワクチンや投薬がまだなら、すませてから行きましょう。自分のプーもほかの犬も守れます。

- ☐ ワクチン接種証明書を持った？
- ☐ ノミ・マダニ予防はした？
- ☐ 今月のフィラリア予防薬を飲ませた？
- ☐ 排泄物処理の準備はした？

利用を控えるとき

● 体調が悪い
鼻水が出ていたり、お腹をこわすなど体調が悪いときは感染性の病気かも。ほかの犬への感染を防ぎましょう。

● 発情期
発情期（ヒート中）のメスが行くと、オスが反応してトラブルのもとに。出血が始まってから、約1カ月は行くのを控えます。不妊手術後は大丈夫です。

● 好戦的または他犬が苦手な子
ほかの犬が苦手だったり、ケンカっ早い場合は控えます。飼い主さんの手に負えないときは、しつけ教室などを利用し相談するといいでしょう。

ルールを確認して利用しよう

ドッグランにはどんな犬でも入れる共用エリアのほか小型、大型を分けているところもあります。トイプーは、共用か小型犬エリアに入りましょう。

また犬専用のトイレがあったり、おもちゃの持込みも施設ごとにルールが違います。よく確認しましょう。

利用のしかた

1 リードをして入場

入り口の柵は、犬が脱走しないよう二重になっているドッグランがほとんど。リードはしたまま、ほかの犬が逃げないよう注意しながら入りましょう。

2 リードをつけたままならす

入場後も最初はリードをつけたまま、ほかの犬と離れた場所を歩かせ場所にならします。興奮して、ほかの犬とトラブルになるのを防げます。

3 あいさつしながら観察

先に来ていた犬がいたら、飼い主さんに近づけていいか聞き、あいさつさせます。自分のプーはもちろん、ほかの犬はどんなようすかも観察しましょう。

4 自由に遊ばせる

なれたらノーリードにして自由に遊ばせます。常に目を離さず、こわがっていたり、逆に他の犬にしつこくしていたらすぐに呼び戻しましょう。

おやつ、おもちゃはOK？

ドッグラン内では、おやつはNGのことがほとんど。においでほかの犬もほしくなるので、においが漏れない容器に入れておきましょう。

おもちゃは可とするドッグランもありますが、犬同士が取りあうことも。おもちゃを横取りしたら、きれいに拭いて飼い主さんに返しましょう。

思い切り走って、
狩猟本能を発揮！

プーとまったり ドッグカフェ

プーと優雅にカフェタイム

「マテ」「オスワリ」「フセ」の基本のしつけができれば、ドッグカフェもデビューできます。テラス席のみ犬と利用できる店が多いですが、店内に一緒に入れるカフェもあります。

カフェでは、ほかの人の迷惑にならないようフセさせておきます。ほかの犬はやり過ごすか、どうしても気にするときは飼い主さんに聞き、犬同士あいさつさせましょう。

ワクワク

犬用メニューがある店も。一緒にカフェメニューを楽しめば、特別感が増します。

魅力の
ワンコメニュー！

犬用メニューやビスケットは、ワンコの体に配慮して作られています。

CHECK しよう！

持参すると便利

ひとりで遊べるおもちゃがあると、退屈せずに過ごせます。ほかの犬のにおいに反応してマーキングしてしまうこともあるので、マナーベルトやマナーパンツもあると安心です。

- [ ] ステイ用マット
- [ ] コングなどひとりで遊べるおもちゃ
- [ ] 飲み水　　□ 水容器
- [ ] ペットシーツ
- [ ] マナーベルト・マナーパンツ
- [ ] ウンチのマナー袋

カフェでのマナー

入店前には、排泄をすませて。ほかの犬に病気をうつしたり、トラブルの元にならないよう配慮しましょう。

- [ ] ワクチン接種をすませておく
- [ ] 体調が悪いときは入店をやめる
- [ ] ヒート中はやめる
- [ ] トイレをすませてから入店
- [ ] なるべく吠えさせない

カフェでのトイプーは？

フセさせておく

じゃまにならないテーブル下でフセさせておきます。なれたマットを持参するといいでしょう。犬用メニューは小分けし、マットの上で食べさせます。

イスにはマットを敷く

イスにのせていい場合も、汚れた足がふれないようマットを敷きます。

コングなども活用を

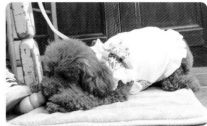

コングなど、ひとりで長く遊べるおもちゃを持参し遊ばせるといいでしょう。

フードはちょっとずつ

犬用メニューは、できるだけ小さくして少しずつ与えます。繰り返すうちに「またもらえる」とわかって、落ち着いて食べられるようになります。

マットステイを教えよう

マットの上で落ち着いて過ごす「マットステイ」を覚えておくと、カフェなどで便利です。

1 マット

ごほうび

「マット」と言いながらマットにごほうびを投げ入れます。マットにのったらほめることを繰り返すと、声だけでマットに行けるようになります。

2

「マット」の合図ですわったら、ほめてごほうびを与えます。繰り返すうちに「マットにいればいいことがある」とわかり、マットにいられるようになります。

お泊り旅行に 出かけてみよう

しつけができたら、近場から

　トイレと基本のしつけができたら、一緒に旅行に行くのもいいでしょう。飼い主さんのいうことを聞き、落ち着いていられるようになったら出かけられます。

　犬と泊まれる宿は、各地に増えてきています。宿のタイプもホテルやペンションだけでなく、温泉旅館、一棟貸しなどいろいろです。まずは、近場から出かけてみましょう。

初めての場所に、犬もワクワクします。新しい体験を一緒にするのが新鮮です。

CHECK しよう！

予約前にはココを Check!

- [ ] 泊まれる犬種、サイズ
- [ ] 同室で泊まれるか
- [ ] 食事は一緒か、別か
- [ ] 犬用アメニティの有無
- [ ] ドッグランの有無
- [ ] 宿泊のための条件

持参したい Goods

- [ ] ワクチン接種証明
- [ ] いつもの散歩セット
- [ ] フードとフード容器
- [ ] ペットシーツ
- [ ] お気に入りのおもちゃ
- [ ] 消臭スプレー
- [ ] 使いなれたベッド・クレート

犬用アメニティがある宿も。何が用意されているか事前に確認しましょう。ケージもあることが多いですが、使いなれたクレートがあると犬は落ち着いて過ごせるでしょう。

広いドッグラン併設の宿も。

事前の準備

■ 予防接種をすませる

旅行前に、年1回の狂犬病と混合ワクチンをすませておきましょう。接種証明の提示を求める宿がほとんどです。

■ 宿泊前にトリミング

お泊まりの前にトリミングに行っておくといいでしょう。行けないときは、シャンプーかドライシャンプーできれいにしておきます。

宿によっては、犬用温泉やフィットネスなど充実しています。

ホテルの部屋は和洋さまざま。
犬はベッドにはあげないのがマナーです。

■ 体調がすぐれないときはやめる

ワンコの調子が悪いときは、無理せず旅行は延期します。なれない旅先で悪化したり、感染症の場合、旅先でうつす心配もあります。

旅先で

■ トイレをすませ入館

入館前に、トイレをすませます。エントランスに犬用トイレがあったり、足拭きが用意されている宿も。足を拭いてから入館しましょう。

■ 公共の場ではリードを装着

ロビーや廊下など施設の公共スペースでは、必ずリードをつけます。エレベーターでは抱っこし、事故やほかの犬との鉢合わせを防ぎましょう。

■ ベッド、ふとんにはあげない

宿のベッドやふとん、ソファにはあげないのがマナーです。落ち着ける自分のベッドかクレートを使うといいでしょう。

■ 食事中は足元で「フセ」

ワンコウエルカムな宿では、食事も一緒にできたりもします。足元にフセさせ、おとなしく待たせましょう。

■ チェックアウト前にお片づけ

トイプーの毛はほとんど抜けませんが、粘着テープで軽く掃除し、トイレシートを片づけましょう。換気し、消臭スプレーを噴霧します。

こんにちは

ワンコだけでなく、飼い主さん同士もお話する機会があるのも犬づれ旅ならでは。

乗り物はどう乗せる？

車もバスも電車もOK！

お出かけ？

　トイ・プードルは大きくても6kgほどなので、車のほかバスや電車でも出かけられます。キャリーバッグやクレートの中で、静かにしていられるようしつけましょう。中で落ち着くことができれば、ワンコ自身も楽ですし、飼い主さんは気兼ねなく公共の移動手段を使えます。

車では

　車に初めて乗るときは、エンジンをかけずに座席で遊ばせます。なれてきたらクレートに入れ、近所を一周したり、近くの公園へ。最初は犬が好きな場所に行き、楽しい経験をさせて。

車酔いのサインは
- よだれを垂らす
- ハアハア呼吸が荒くなる
- やたらとあくびする

予防は
- ごく短時間から練習
- 出かける前はフードを控える
- 出動物病院で酔いどめ薬を処方してもらう

Short time

クレートはハードタイプが安心
車で使うクレートは、ハードタイプが安全。長辺が進行方向と同じ向きになるように置きましょう。持ち手に通し、シートベルトで固定します。

バス・電車では

　バスも電車も、乗るときはクレートやキャリーバッグに入れ、顔と体を外に出せないように網状のふたをするのがマナーです。乗客の中には、犬が苦手な人やアレルギーの人がいるかもしれないからです。料金がかかることもあるので、乗車前に確認しましょう。最初はごく短距離だけ乗車し、少しずつならすといいでしょう。

Part 7 体をはぐくむ
食事の3原則

健康にいいワンコ飯の
3つのポイント

トイプーが元気に、健康に育つには、
栄養バランスのよい食事を与えることが大切です。
毎日のプー飯の原則をチェックしましょう。

原則 **1**

毎日のプー飯は "総合栄養食" を

　犬は、動物性と植物性両方の食べ物を食べる雑食性です。でも、肉類は脂質が多いと消化不良になり、野菜は与えすぎると食物繊維を消化できず下痢するなど、人とは違う注意点があります。トイ・プードルの健康を保つには、栄養バランスのとれた総合栄養食のドッグフードを与えるのが基本です。

原則 **2**

人の食べ物は与えない

　人の食べ物は、犬には与えないようにしましょう。犬は人より必要な塩分が少なく、人の食事を与えると塩分の摂りすぎになります。
　また、タマネギ、ネギ、ブドウなど人が食べても大丈夫でも、犬は中毒症状を起こす食材もあります。うっかりこれらが入った料理を食べさせると、命にかかわることもあるのです。

期待
いっぱい

ごはんは、プーの毎日の楽しみです。

原則 3

5大栄養素と水は必須

　健康維持のために必要なのは、タンパク質、脂質、炭水化物、ビタミン、ミネラルの5大栄養素です。水も、生きていくうえで欠かせません。

　人も5大栄養素が必要ですが、犬とは必要量が違います。タンパク質は人の2倍、カルシウムは14倍、リンは5倍必要といわれています。

タンパク質

分解されてアミノ酸になり、筋肉や血液、内臓、皮膚、被毛などの原材料になります。必須アミノ酸は体内で合成できないので、タンパク質が足りないと筋肉が落ちたり、皮膚や被毛トラブル、貧血が起きることも。犬には高タンパクのフードが向いています。

脂質

脂質は犬が動くための効率的なエネルギー源。細胞膜やホルモンの材料でもあります。適度な脂質は脂肪になって体温を保ったり、内臓を保護するのに役立ちます。不足すると皮膚病になったり毛づやが悪くなることも。ただし、摂りすぎは肥満を招きます。

ミネラル

カルシウムやマグネシウム、鉄、亜鉛などのミネラルは、個々に重要な役割りがあります。骨や歯を作ったり、脂質の代謝を助けたり、ミネラルバランスを整えたりします。

炭水化物

炭水化物は糖質と食物繊維からなります。糖質は体のおもなエネルギー源になり、食物繊維は便通を整える働きがあります。糖質は摂りすぎると肥満に、食物繊維も摂りすぎで下痢を起こすことがあるので注意が必要です。

ビタミン

ほかの栄養素の代謝を助けます。ビタミンAは皮膚や粘膜を正常に保ち、Dは骨密度を増やし、Eは抗酸化作用があるなど、それぞれ体に欠かせない栄養素です。

水

犬の体の60〜70％は水分で、水を飲まずにいると体温調節や消化・吸収機能に異変をきたします。脱水症になると命にかかわることもあるので、常に新鮮な水を飲めるようにしてあげることが大切です。

健康のベースをつくる フード選び

ドッグフードは「総合栄養食」を選ぼう

　毎日のごはんは、犬に必要な栄養素をバランスよく含む「総合栄養食」のドッグフードが最適です。ドッグフードと水さえ与えていれば、必要な栄養素が摂れるよう作られています。

　ドッグフードでも「間食」とされるものは、限られた量を与える目的で作られていて、主食には向きません。嗜好性の高いおかずタイプは、食欲増進が目的で「総合栄養食」にかけて食べさせます。

1 フードのタイプを選ぶ

ドライタイプ
水分含有量が 10% 以下の固形フード。栄養が凝縮され、ウエットタイプほど量がなくても必要な栄養素を摂取できる。

ウエットタイプ
缶詰やレトルトパック入りのフードで、水分含有量は 70% 以上。栄養分の割合が低いので、必要量を摂るにはドライフードより量を多く与える必要がある。

　主食には、ドライタイプがおすすめです。保存しやすく価格が手ごろなため、一般的でもあります。ごほうびや災害時の持ち運びに便利で、歯垢がつきにくいメリットもあります。
　ウエットタイプはやわらかく嗜好性も高いので、シニア犬向き。水分が摂れ、添加物が少ないのも利点です。
　ドライタイプと併用してもいいでしょう。

病犬やシニアには

　小分けされたペースト状の総合栄養食があり、嗜好性が高く病気のワンコやシニア犬におすすめです。携帯性にもすぐれています。

2 ライフステージで選ぶ

成長段階によっても、フード選びは変わります。成長するにつれ、犬は必要なカロリーが変わってくるからです。

パピー用（幼犬）、成犬用、シニア用など、成長段階ごとの総合栄養食タイプのフードがあるので合ったものを選びましょう。（→ p.158）

> おなかすいた！

育ち盛りの子犬には、高カロリーのフードを与えます。

3 機能性で選ぶ

ライフステージごとの総合栄養食を与えるのが基本ですが、個々の体質に合わせた機能性ドッグフードもあります。犬の状態に合っていれば、与えてみるのもいいでしょう。

■ 避妊・去勢手術後

高タンパクで低カロリー、食物繊維が多く腹持ちがいいなど体重に配慮したフードです。手術後は活動量が落ちたり食欲が増して、太ることがあるからです。

■ 皮膚・被毛ケア

皮膚や被毛の健康に配慮したフード。たとえば皮膚や被毛につやを与える、必須脂肪酸のオメガ6脂肪酸やオメガ3脂肪酸などを配合したものがあります。

■ 体重管理

肥満ケア用フード。筋肉を減らさないよう適度なタンパク質量を維持したまま、低脂肪、低カロリーでも満腹感を満たすように作られています。

■ アレルギーケア

アレルギーと診断されたり、フードを食べた後にかゆがるなどアレルギーが心配な犬用の機能性フードです。アレルギーが起きにくい魚やラム肉を使ったり、グレインフリー（穀物不使用）のフードなどがあります。

4 原材料・成分で選ぶ

ドッグフードは原材料・成分も確認しましょう。原材料表示には、添加物を含む使用食材すべてが配合量順に記されています。主原料となる1～3番目ぐらいまでに、タンパク源の肉や魚が書かれているフードがおすすめ。添加物は少ないほうが安心です。

栄養バランスは、成分表示で確認します。タンパク質、脂質、繊維質、水分、灰分（ミネラル）は表示義務があり、何%含有しているかがわかります。

● 原材料・成分の表示例

原材料名:チキン&サーモン56%(チキン生肉21%、生サーモン12%、乾燥チキン12%、乾燥サーモン7%、チキングレイビー2%、サーモンオイル2%)、サツマイモ、エンドウ豆、レンズ豆、ひよこ豆、ビール酵母、アルファルファ、ココナッツオイル、バナナ、リンゴ、海藻、クランベリー、カボチャ、カモミール、マリーゴールド、セイヨウタンポポ、トマト、ショウガ、アスパラガス、パパイヤ、グルコサミン、メチルスルフォニルメタン(MSM)、コンドロイチン、ミネラル類(亜鉛、鉄、マンガン、ヨウ素)、ビタミン類(A, D3, E)、乳酸菌

成分：エネルギー(100gあたり) 363kcal	
タンパク質・・・・・27%以上	脂質・・・・・・・10%以上
粗繊維・・・・・4.75%以下	灰分・・・・・9%以下
水分・・・・・・・9%以下	NFE・・・・・・39%
オメガ3脂肪酸・・1.18%	オメガ6脂肪酸・・1.63%
リン・・・・・・・・1.06%	カルシウム・・・・1.40%

いいもの食べさせてね

CHECK しよう！

添加物を確認！

多くのドッグフードには、添加物が含まれています。オメガ3やオメガ6脂肪酸、ビタミン類など健康維持のためのものもありますが、保存料や着色料、食いつきをよくする香料も使われています。

このうち1種以上使っていなければ「無添加」と記載できるので、パッと見ただけでは完全無添加かどうかわかりません。完全無添加のものを与えたいなら、必ず原材料表示を確認しましょう。

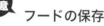
ここに注意 フードの保存

WET

DRY

ウエットタイプ

開封後、時間がたつとカビや細菌が繁殖しやすいので、なるべく早く使い切って。保存する場合は冷蔵庫に入れ翌日までに使い切ります。

ドライフード

空気にふれると酸化が進みます。開封後は密閉容器に移し、シリカゲルなどの除湿剤を一緒に入れて。直射日光が当たらず、高温多湿でない場所に保管します。1カ月ほどで食べきれる量を購入しましょう。

おやつはプーのごほうび♪

おやつ ♡

ジャーキー・アキレス腱

ちぎりやすい、犬のおやつの定番品。
ササミ、馬肉、鹿肉など種類も豊富。
かたすぎる場合はお湯でふやかして与
えます。手づくりも OK。

犬用チーズ

小さめはプーにはいいサイズ感
で、しつけで与えやすい。人用
は塩分が濃いのであげないで。

犬用クッキー

食物繊維が多いおからやか
ぼちゃ、アレルギーを起こ
しにくい米粉のクッキーな
ど種類豊富。小さく割って
少しずつ食べさせて。

蒸しササミ

簡単に手づくりできるが、
レトルトの市販品も。スペ
シャルなごほうびに、ちぎ
って与えて。

骨型ガム

少しずつかじるので、サー
クルやハウスのしつけ、留
守番にぴったり。

おやつは、しつけのごほうびに

「総合栄養食」のドッグフードを適量食
べていれば、おやつは基本的にはいりませ
ん。でも、一緒に遊ぶときやしつけのごほ
うびで与えると、プーの楽しみになります。

市販の犬用おやつは種類豊富にあります
が、ジャーキーやクッキーなど、手づくり
するのもいいでしょう。食べすぎは肥満の
原因に。1日のごはんの2割程度にし、お
やつを与えた分、ドッグフードを控えます。

与えるのはこんなとき

いずれもしっかりほめてから、
小分けにしてあげましょう！

● トレーニングの指示に従ったとき

●「フセ」して待てたり、自らイイコに
できたとき

● 体のお手入れなど、苦手なことに
なれさせるとき

ライフステージで フードを変えよう

成長段階で違うフードの与え方

毎日のごはんは、成長過程に合わせたものを与えましょう。成長期の子犬と成犬、シニア犬では必要な栄養素の量やバランスが変わります。ライフステージに適したものを選び、量と回数も年齢に合わせ変えていきましょう。

子犬ごはん♡

0〜3カ月

離乳食からドッグフードへ

生後4週目ぐらいまでは授乳期で、母乳や犬用ミルクを飲ませます。

以降は離乳期になり、子犬用ドッグフードを犬用ミルクやぬるま湯でふやかし与えます。体の基礎を作る時期なので、子犬用フードは高カロリーで消化しやすく作られています。

回数は1日4〜5回が目安です。

Hot water OR Baby dog milk / DAY

4カ月〜1歳半

/ DAY

成長するにつれ回数を減らす

どんどん育つ成長期です。4〜6カ月になると、永久歯に生え変わります。1日3回、子犬用フードをふやかさずカリカリのまま与えてOKです。

6カ月ごろから、回数は1日2〜3回にします。10カ月ごろから成犬用フードに少しずつならしていきましょう。

1歳半〜6歳

成犬用フードを1日2回

　成犬になっても子犬用フードを食べさせていると、高カロリーで消化吸収もいいため肥満になる心配があります。1歳半すぎには完全に成犬用フードに切り替え、回数も1日2回に減らしていいでしょう。

　1歳半ごろの体重が、今後の体重の目安になります。

7歳以上

シニア用フードを1日2〜3回

　7歳ごろから、シニア犬の仲間入りです。活動量が減り、内臓機能が衰えてくるので、消化がよく、効率よく栄養を吸収できる高タンパク低カロリーのフードにしてあげましょう。

　体に問題がなければ、回数は1日2回でOKです。高血糖や肥満を防ぐため、1回の食事量を減らし、1日3回にするのもいいでしょう。

食欲
モリモリ

ここに注意

フードの適量は
体重で判断

　フードはメーカーや種類ごとに、100gあたりのカロリーが異なります。与える量は、パッケージに書かれた体重ごとの目安量を参考にしましょう。

　体重は、1歳半すぎには決まります。犬によって適量は違うので、体重を定期的に量り、増えるなら量が多く、減るなら少ないと考え量を調節しましょう。

おりこうプーになれる フードの与え方

お行儀よく食べさせよう

　ごはんを食べるときは、お行儀よくできるようにしつけましょう。食事は、犬にとって重要なお楽しみタイムです。興奮しすぎてとびついたり、騒いだりするときは、「オスワリ」と「マテ」で落ち着かせてから食べさせます。

　ごはんの準備中に騒ぐときは、事前に用意しておき、スムーズに出してあげると犬もじらされずにすみます。

1 「オスワリ」させる

オスワリ

まだー？

フードの準備をしたら、「オスワリ」をさせましょう。

2 「マテ」でがまん

マテ

まてない

オスワリしたら、「マテ」と声をかけます。待てずに食べようとしたら、器を取りあげます。

3 待てるまで練習

まちます

また「オスワリ」と「マテ」をさせて。器の前にいても落ちついていられるようになるまで、繰り返します。

4 「ヨシ」で食べる

ヨシ

長時間待たせると、胃液が出すぎてよくありません。3秒くらい待てたら、「ヨシ」で食べさせます。騒がずにいられるなら、「マテ」しないですぐ食べさせてあげましょう。

ごはんのルール

与える時間を決めない

いつも同じ時間にフードを与えると、吠えて催促するようになることがあります。1時間ぐらいの幅をもたせ、あげるようにしましょう。

要求されたときにあげない

ごはんの時間になると、吠えて要求することがあります。要求されてから与えると、それがクセになってしまいます。吠えていないタイミングで与えましょう。

決まった場所で食べさせる

ごはんは、いつも決まった場所で食べさせましょう。犬はきれい好きなので、トイレから離れた、落ち着ける場所に決めておきましょう。

食べ残しは片づける

残したごはんは、一定時間が経ったら片づけてしまいましょう。いつまでも出したままだと、「いつでも食べられる」と思うようになります。

ここに注意

肥満を予防しよう

太ると足や関節に負担がかかるだけでなく、糖尿病など病気にかかりやすくなります。成犬になる1歳〜1歳半ごろの体重を目安に、食事や運動で管理しましょう。

太った？　と思ったら
● ドッグフードの量を減らす
● 運動量を増やす
● ダイエットフードに変える
● 野菜などをトッピングする

体型でチェック
● 上から見て
腰のくびれがはっきりしていないとき
➡ 太りぎみ

くびれがないとき
➡ 太りすぎ

● 脇腹あたりをなでて
肋骨がかすかに感じられる ➡ 太りぎみ
感じられない ➡ 太りすぎ

少食プーと
早食いプーの食べさせ方

その子に合った工夫をしよう

トイ・プードルの中には、食欲旺盛な子もいれば、少食だったり食べムラがある子もいます。

フードがほしくてとびついたり、丸飲みして早食いするときは、落ちついて食べられるよう対策します。食べムラがある子は、食へのモチベーションがアップするよう工夫します。

少食・食べムラ対策は

マットにまいてみる

フードマットに、ただフードをまくだけのほうが食べてくれることがあります。特に家に迎えたばかりの子犬に、その傾向があります。

ノーズワークで本能を刺激

ノーズワーク(➡ p.123)で「探す、食べる」の本能を刺激してみましょう。食が細くなったシニア犬にも向きます。

催促する子は

とびついたりして催促する子は、少しのフードを入れたおもちゃを先に渡し、遊んでいるうちにごはんの準備をすませましょう。最初は取り出しやすいところにフードを入れ、次は奥に、次はひっくり返して渡すなど、徐々に取り出しにくくして時間をかせぎます。

早食いプーには

早食い防止の器を使う

① はやく
はやく

早食い防止のフード容器やマットを使ってみましょう。「オスワリ」と「マテ」をさせ、落ち着いてから与えます。

こんなマットも

② モグ
モグ

食べにくい形なので、ゆっくり食べるようになります。消化不良や吐き戻しを予防できます。

おもちゃを利用

① 遊びながら食べられるおもちゃも、早食い防止に使えます。器の中にフードを入れ、倒すと出てくるしくみです。

② 簡単に倒せるようになったら、ふたをしてフードを出にくくします。組み合わせ方で、フードの出方を調整できます。

気軽に試そう 手づくりフード

手づくりフードは、ワンコも
飼い主さんにとってもお楽しみになります。

愛犬の喜ぶ顔が見たくて、手づくりフードに挑戦したい飼い主さんもいるでしょう。ただ、すべてのフードを最適な栄養バランスで作るのは難しいもの。毎日の食事の基本は「総合栄養食」のドッグフードにして、ときどき手づくりを楽しんでみるといいでしょう。

手づくりのPOINT

動物性タンパク質を中心に
人よりタンパク質の必要量が多いので、肉、魚などの動物性タンパク質を主原料にしましょう。

食べやすい大きさにカット
食材は食べやすい大きさに切ると、消化しやすくなります。骨が入らないように注意します。

味つけはしない
塩分、糖分を加えなくても、ゆでたりすればだしが出ておいしくなります。調味料は不要です。

加熱する
豚肉、鶏肉、野菜は加熱します。根菜類はやわらかくゆでるか、レンジでチンしても。新鮮な牛肉、馬肉は生でもOKです。加熱した野菜は、小分けにして冷凍しておくと便利です。

おすすめ食材

肉類……鶏、牛、豚、馬
魚類……サーモン、マグロ、タラ、アジなど
卵………※ 生の白身はNG
野菜……ブロッコリー、トマト、白菜、大根、きゅうり、かぼちゃ、小松菜、チンゲン菜など
乳製品…ヨーグルト、無塩のチーズ
豆類……豆腐、おから、納豆、春雨
果物……バナナ、りんご、ブルーベリーなど

与えてはダメ！

中毒を起こすもの
×ネギ
×タマネギ
×ブドウ
×干しブドウ
×マカデミアナッツ
×アボカド
×ニンニク
×チョコレート
×ココア
×コーラ
×コーヒーなど
　カフェイン類
×キシリトール　など

飲み込むとキケン
×鶏の骨、魚の骨　など

消化が悪いもの
×エビ
×カニ
×タコ
×イカ
×貝類
×牛乳（犬用ミルクはOK）
×しいたけ
×こんにゃく　など

人の食べ物
×菓子類
×塩分、糖分が多いもの
×トウガラシなど香辛料
×ハム、ソーセージ、かまぼこなどの加工食品
×アルコール類　など

Part 8 お手入れで 快適さを保つ

お手入れをする
３つの利点

体を快適に保つには、こまめなお手入れが欠かせません。
定期的にプロにトリミングしてもらい、
家でも毎日ケアしてあげましょう。

きれいを
please

利点
1

快適さ UP、
かわいさも UP♪

トイ・プードルは、定期的なトリミングでフ
ワフワの毛並みを維持でき、かわいさがアップ
します。家でもブラッシングは欠かせず、汚れ
を取り除き、毛玉を防いだり、通気性をよくし
て皮膚病を予防できます。ダニ、ノミなどを発
見できることもあります。

利点
2

おしりまで
フワ
フワ

健康チェックと
病気予防ができる

飼い主さんが日常的にブラッシングや目、耳
など体のお手入れをすることで、健康状態が確
認できます。耳は赤くないか、口臭はないかな
どいつもとの違いに気を配れば、病気の早期発
見につながります。
また、定期的なシャンプーは皮膚の健康を保
ち、歯みがきは歯周病を防ぐなど、ケア自体が
健康を守ります。

いやされ〜 ♡

利点 3

ふれあいで犬も人も幸せになる

犬と飼い主さんがふれあうと、犬も人もオキシトシンという幸せホルモンが分泌されることがわかっています。大好きな飼い主さんにたくさんかまってもらい、ふれられることは犬にとって喜びです。

心地いい時間を一緒に過ごすことで、絆も深まることでしょう。

ハズバンダリートレーニングで
お手入れの下準備

「ハズバンダリートレーニング」は、お世話やお手入れがしやすいように、飼育動物に行うしつけのことです。犬もこのトレーニングで下準備しておけば、ブラッシングや歯みがき、爪切りなど、苦手になりがちなお手入れも受け入れやすくなります。

たとえばブラッシングなら、犬がブラシを見たらほめてごほうび。ブラシ

が体にふれても立ち去らず、その場にいられたらまたほめてごほうび、というように、超スモールステップで行います。とても細かく、段階を踏んでならしていくのが成功のコツです。

嫌がるときは、無理強いはしません。時間をおき、前のステップから再開しましょう。

歯みがきの前段階として、マズルまわりを拭いてみます。させてくれたら、ごほうびです。マズルにふれるのになれたら、口に指をそっと入れてみて。できたら、またごほうびを。

モグモグ

トリミングサロンの利用テク

トリミングでかわいく、清潔にしよう

トイ・プードルの毛はくるっとした巻き毛です。どんどん伸びていくので、定期的なトリミングが必要です。

トリミングサロンではシャンプー、カットだけでなく、爪切りや歯みがき、肛門腺絞り、耳掃除なども頼めます。かしこく利用し、かわいさと清潔さ、快適さを維持してあげましょう。

耳短めの
テディベア

パーツのカットの違いで、
イメージは大きく変わります。

トリミングサロンの選び方

インターネットや SNS など、多くのトリミングサロンが情報を発信しています。また、ご近所の口コミも参考になります。

スタイルの相談にのってくれ、犬にも飼い主さんにも負担が少なく、楽に通えるお店を選ぶといいでしょう。

選び方のPOINT

相談にのって
くれるか

気に入ったカットが
できるか

犬が苦手意識を
もたないか

通いやすい場所に
あるか

ここに注意 子犬のカットはいつから？

トイプーの子犬がカットできるようになるのは、すべてのワクチン接種を終えてから、2週間〜1カ月経った4カ月ごろ以降です。それまでは、家でハズバンダリートレーニングをしてさわられるのに少しでもならしておきましょう。

トリミングサロンの利用法

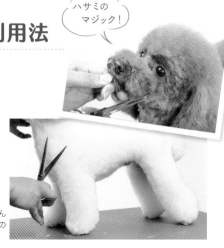

ハサミの
マジック！

　トリミングサロンは基本的に予約制
です。予約時に、犬種と名前、年齢、
希望のカットなどを伝えましょう。

　どのようなカットにするか迷うとき
は、当日でも相談できます。事前にイ
メージを膨らませ、参考写真を集めて
おくといいでしょう。当日はブラッシ
ングをすませ、写真を持参します。

数ミリ単位のカットで、印象はどんどん
変わります。その子の魅力を引き出すの
が、トリマーさんの腕！

オーダーのPOINT

1 希望イメージの写真を持参

こんなイメージで
お願いします

「何でもいい」と言われるより、イメージを
伝えたほうがトリミングしやすくなります。
SNSの画像や雑誌の切り抜きなど、イメー
ジに近い写真を持参しましょう。

2 パーツごとの希望を伝えても

同じテディベアカットでも、耳は長め、短め、
足も太め、ブーツなどさまざまなカットがあ
ります（→ p.176）。正面写真だけでなく横顔、
体全体などさまざまな写真を見せ、相談する
といいでしょう。

3 その子の個性を理解する

毛質
顔立ち
毛量
マズル

うちの子の
個性は？

トイプーはそれぞれ毛質や顔立ち、マズルの長
さ、毛量などに個性があります。希望のカット
があっても、写真どおりでなくその子なりのス
タイルになったり、似合うスタイルが異なるケー
スもよくあることを理解しておきましょう。

おパンツ
カット

169

カットスタイルを楽しもう

個性に合ったスタイルを見つけよう

トイ・プードルは、さまざまなカットスタイルを楽しめるのが大きな魅力のひとつです。ただし、同じスタイルでも、その子の毛質や毛量、マズルの長さ、耳の位置などによって仕上がりは変わります。トリマーさんに相談し、似合うカットを見つけましょう。

お顔と耳くっきり

トイ・プードルの大定番

テディベア（ベーシックベア）

マズルを丸く、大きくしたぬいぐるみのような人気の定番カット。少しのアレンジで印象は変わります。

顔と耳をくっきりと分け、耳の長さはミディアム、丸めでアレンジした基本のテディベアカット。左の子は足はストレート、上は足先にバリカンを入れたお手入れ楽ちんスタイル。

耳でアレンジ

耳高め

耳と顔を分けたテディベアでも、耳を高めにすると違った印象に。さらにクマっぽく、耳は小さめにアレンジ。

おかっぱ風

耳の長さはミディアムで、下をパッツンとカットしたテディのおかっぱ風バージョン。足はふんわりと下方にボリュームをもたせたブーツカットに。

イヤマフスタイル

フカフカの
ぬいぐるみ!?

耳あてが
おしゃれ

基本のテディベアカット
に、耳を顔の横に、丸く
アレンジしたイヤマフ
(耳あて)スタイル。足
は太めのAラインで、ま
るでぬいぐるみ♡

子どもっぽく

耳つきが低めの子に、よく似合う
イヤマフスタイル。足は太めのス
トレートで、お手入れが欠かせない。

丸くカットしたテディに、
イヤマフの耳を低めに配
置。童顔っぽい印象に。
足はストレート。

耳を
分けない
スタイル

顔と耳の境目をくっきりと分け
ないスタイルも。本来、これが
テディベアカットとされていた。
耳長めで全体を丸くするとマッ
シュ(➡ p.175)になる。

171

耳を長く

マズルを丸くした基本の
ベアカットも、耳を長く
するとエレガントな雰囲
気に。ウエーブをつける
とさらにゴージャス！

テディベア・アレンジ

ラフスタイル

マズルはしっかり作る一方、
頭と長めにカットした耳は
ラフな仕上がりに。おしり
はおパンツで個性的！

ピーナッツ
テディ

頭をふんわりと盛ったピーナッツカット。
耳をロングにして垂らすとフェミニンに。
三つ編みアレンジも OK ♪

お顔
スッキリ

耳と顔は分けつつ、耳は長
めにふんわりアレンジされ、
お顔のスッキリ感が際立ち
ます。

やわらかなフォルムが魅力

ニュアンスベア

頭と耳の段差をほんのりつけ、耳を高めに配置したテディ応用編。ほんわかとやさしいフォルムが人気です。

マッシュに近いニュアンス

頭と耳のラインがほぼつながって、マッシュ（➡p.175）寄り。足はブーツ、おしりはおパンツでおしゃれ！

やさしげな雰囲気

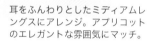

ニュアンス＆フェイクテイル

頭はふんわり、耳は下方に向けボリュームを出したニュアンスベア。シッポをおしりと一体化させた、フェイクテイルが個性的。

耳をふんわりとしたミディアムレングスにアレンジ。アプリコットのエレガントな雰囲気にマッチ。

イヤマフ風

額は広く、耳はイヤマフ風に短く、丸くしてかわいさを出したスタイル。足は太めのブーツだが、足先は短くカットされお手入れはしやすい。

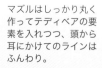

マズルはしっかり丸く作ってテディベアの要素を入れつつ、頭から耳にかけてのラインはふんわり。

173

まるで
ビション

ビション風

頭と耳をつなげ、顔全体を丸く仕上げた
ビション・フリーゼのようなカットです。
ボリューム感がかわいい！

あご下も
ふっくら

頭からあごにかけての
ラインをすべてつなげ、
まん丸に整えたビショ
ン風カット。足は太め
で全体をモフモフに。

頭から耳にかけてはつなげ
つつ、あご下は短めにカッ
トし童顔に作ったビション
パピー（子犬）スタイル。

上と同じプーを、顔は丸く整えつつ
耳はぴょこんと出したイヤマフアレ
ンジ。カットでこうも変わる！

ユニークスタイル

耳のつき方や体型などその子の個性に合わせたり、
カットで見せるユニークスタイルも！

顔も目もまん丸に
額から頭にかけてと、あご
下の割合を等しくして目鼻
を中心に丸くカット。

体型を活かす
テディベアをベースに耳は小
さく丸く、首はくびれをなく
し愛嬌のあるスタイルに。

ソフトモヒカン
テディベアの顔を、頭頂部のみし
ずく型のソフトモヒカンに。背中
にギザギザを作り恐竜風！

ふんわり
キノコ

頭と耳でキノコっぽく

マッシュ

頭と耳のアウトラインをつなげ、
全体をキノコのようなシルエットにした
アフロの応用編。

マッシュルームを思わ
せる、定番のマッシュ
カット。ボディのみ短
くし、足はズボンをは
いているみたい。

大きめ
キノコ

マズルはしっかり作り
つつ、頭は大きめに。
足もふんわりしたブー
ツカットにして、全体
にボリュームたっぷり。

ラフスタイル

マッシュのアウトラインを
ラフに仕上げた、おしゃれ
な個性派スタイル。

クラシックさが魅力

マイアミ

スタンプことスタンダード・プードルに多い、
顔にバリカンを入れたスタイル。
クラシックな雰囲気が魅力的！

優雅な
雰囲気

ブラックやホワイトの基
本カラーによく似合う顔
バリ。頭は大きく盛った
クラウン、足とシッポは
大きなポンポンが特徴の
マイアミクリップ。

パーツ別オーダーのヒント

まず顔の大まかなイメージを決め、体のパーツも考えてみましょう。
バランスのよい組み合わせは、サロンで相談を。
スタイルのアレンジ例を紹介します。

顔

顔と耳を分けた
ベーシックなテディベア。
耳の位置を低く、丸くすると
イヤマフスタイルに。

ほほを細くした
ピーナッツカット。
耳は長めにした
ほうがかわいい。

顔は短めにカットし、
お手入れを楽に。
一方で耳はふんわりの
ニュアンステディ。

毛量の多い子に向く、
まん丸アフロ。
耳とあごのラインの
つなげ方で印象が変わる。

顔にバリカンを入れた
すっきりカット。
優雅な雰囲気になる。

頭頂部を残した
ソフトモヒカン。
しずく型がかわいい。

耳

短め

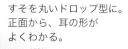

すそを丸いドロップ型に。
正面から、耳の形が
よくわかる。

すそを丸く、
小さくカット。毛量が
多いと、こんもりして
かわいくなる。

耳を下方に、丸く仕上げた
イヤマフスタイル。
毛量が多いと
大きく厚くなる。

長め

毛を長めに残した
フェミニンなカット。
耳の位置を高くすると
よりふんわり。

さらに伸ばして
ゴージャスに。ただし、
まめなブラッシングが必要。

胴

シザー

全身ハサミでカットするオールシザーは、
体型をカバーできるのでより自由度の高
い仕上がりに。

バリカン

ボディをバリカンで刈ると、胴がすっき
りして汚れにくく、洋服を着せても毛玉
になりにくい利点が。

177

ブーツ

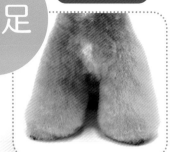

足のつけ根から足先に向かって広がるブーツカット。Aラインともいう。

ストレート

足のつけ根から足先までまっすぐ仕上げるストレートカット。毛がもつれにくくお手入れは比較的楽。太め（左）か細め（右）かが選びどころ。

ブレスレット

下部をゴージャスにふくらませた足ブレスレット。クラシカルでエレガントな雰囲気に。

足先のみブレスレットにした足先ブレス。目を引くポイントになり、かわいらしさUP。

足バリ

足先だけバリカンで刈った足バリカン。蒸れにくく、お手入れも楽。

おしり〜シッポ

ポンポン

根元はバリカンで細くし、先端に丸いポンポンを作るカット。

ウサギ

つけ根から丸いポンポンを作る、尾が短い子向けのカット。

タヌキ

根元は細く、先端を太く丸くカットし俵型に。

もっと知りたい

カットの疑問

シザーとバリカンはどう違う？

トリミングは、主に体をバリカンで刈る方法と、全身ハサミ（シザー）でカットするオールシザーがあります。

バリカン

バリカンのほうが早く仕上がり、カットも短くできお手入れが楽になるのが利点です。あまり短いと肌がカミソリ負けしたり、毛質が硬めに変化することも。次に生える毛色が、濃く変わってくることもあります。

オールシザー

オールシザーは、ボディや顔のラインの欠点をうまくカバーするなど、カットが自在。高い技術が必要で、料金もバリカンに比べ高くなります。また毛が長い分トリミング頻度は多くなり、日ごろのお手入れも重要になります。

子犬のカットの注意点は？

子犬の毛はやわらかく、スタイルもまだ決まりません。最初はトリミングになれさせるほうが重要なので、目にかかる毛を切ったり、足裏の毛を短くそろえるなど、生活に困らない程度のカットを頼みましょう。そのほうが短時間ですみ、子犬も楽です。

生後4カ月ごろからトリミングにならし、スタイルを楽しめるようになるのは生後8〜9カ月以降です。

カットの頻度は？

3週間〜1カ月半以内の頻度で行くといいでしょう。サロンでは爪切りや肛門腺絞りもお願いできるので、あまり間隔をあけすぎずに行ったほうが、清潔や快適さを保てます。

行った際に、次回の予約をしておくとスムーズです。

カットの雰囲気を変えたいときは

トリマーさんにより個性があるので、トリマーさんやサロンを変えるのもひとつの方法です。

ただ、毛が伸びるのを待ったり、違うスタイルに変えるには3〜4カ月かかることもあります。あまり頻繁に店を変えるのは、犬の負担にもなるので避けましょう。

フワフワを保つ ブラッシングのコツ

毛玉ができないよう、まめに行おう

トイ・プードルは毛玉ができやすく、ブラッシングが欠かせません。散歩後はホコリやゴミを払い、清潔を保つ意味でも軽くブラッシングするといいでしょう。脇やひざなど毛がからまりやすい箇所は、毛玉ができないようていねいに。

犬の皮膚の角質層は人より薄く、強い刺激は皮膚を傷めます。力を入れすぎず、やさしくとかしましょう。

そろえよう！ ブラッシング・グッズ

ピンブラシ
皮膚を傷めないよう、ピン先を丸くしたブラシ。ブラシになれさせるために使う。

スリッカーブラシ
トイプーのブラッシングに最適。先がかぎ状に曲がり、細い針金がついている。子犬には、肌あたりがソフトな、やわらかめで先端が丸いタイプを。

コーム
スリッカーで全身をとかしてから、仕上げで使う。毛の流れを整えたり、引っかかりなどを見つけることができる。

ブラッシングスプレー
静電気を抑え、クシ通りをよくしてくれる。うるおい成分が配合されている製品も。

使用後はきれいに
スリッカーについた毛はコームで取りましょう。汚れてきたら、犬用シャンプーをぬるま湯で薄めてふり洗いし、お湯ですすぎます。

180

ブラッシングを嫌いにさせない

ブラッシングを嫌がらないよう、なれてもらうことが大切です。獣毛ブラシでブラシにふれるのになれたら（➡ p.79）、段階を進めていきます。

最終的にはごほうびなしで、飼い主さんとの楽しいコミュニケーションタイムになるのが目標です。

1 ピンブラシでならす

とかされる感覚にならします。「1ストロークで1ごほうび」から始め、徐々にごほうびを与える間隔をあけていきます。

2 スリッカーにならす

持ち方

握りしめると力が入りすぎるので、親指と人さし指、中指の指先で軽く持ちます。

ピンブラシになれたら、スリッカーを使ってみます。毛を根元から広げ、スリッカーをあてましょう。

Point !

トイプーの毛は一重の開立毛

↑フンワリ↑

トイ・プードルの毛は、換毛期がない、被毛が一重のシングルコートです。その中でも、皮膚から立ち上がって生える「開立毛（かいりつもう）」で、ふんわりとした見た目です。

毛質は「カーリーコート」といって、やわらかくカールしているのも特徴です。毛玉になりやすいので、まめなブラッシングが欠かせないのです。

ブラッシングの手順

最初から体全体をするのではなく、パーツごとに分けて段階的に練習を。
ブラシをかけている部分の皮膚を見ながら行いましょう。

1 抱っこでおしりからスタート

視線の先に、
ごほうびを置くと
気が紛れます。

手で毛を分け、根元から
スリッカーを入れて
毛を立たせ、空気を
入れていくイメージで
とかします。

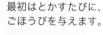

最初はとかすたびに、
ごほうびを与えます。

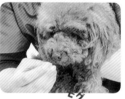

スリッカーは肌に対して
角度をつけず、面全体を
肌に平行にあてて。

抱っこだけして、リラックス
させます。落ち着いてから、
おしりのほうからとかし始め
ます。力はほとんど使わず、
ワンストロークはごく短く。
そのまま背中に移動し、背中
をとかします。

2 後ろ足、前足の順にとかす

後ろ足をそっと持ち、短いストロークで足先に向かってとか
します。苦手な前足も軽く持ち、同じようにとかしましょう。

③ 胸をとかす

おすわりさせて胸をとかします。首は軽く持ちあげるとやりやすいでしょう。

④ お腹をとかす

体にもたせかけ、仰向けにしてお腹をとかします。

⑤ 足のつけ根をとかす

毛がからまって、毛玉になりやすいのが足のつけ根。後ろ足のつけ根は仰向けで、前足のつけ根は片足を持ち上げてとかすといいでしょう。

Point !

毛玉のほぐし方

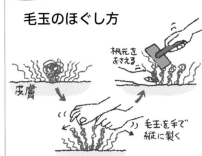

皮膚を引っぱらないよう、毛玉を手でやさしく縦に裂き、毛玉の根元を押さえてスリッカーでたたくようにほぐします。それから全体を少しずつときほぐして。

⑥ 顔まわりをとかす

1 頭は、あごの下を支えおでこから後頭部に向かってとかします。

2 耳は手のひらにのせてとかします。

3 マズルは、下から手で支えてとかしましょう。

おうちシャンプーの テクニック

シャンプーは月1〜2回で OK

　基本的には、トイ・プードルのシャンプーは月に1〜2回、トリミングサロンでしてもらえばいいでしょう。そのほうが、ふんわりした毛並みとカットスタイルを保てます。

　でも、何かで汚れてしまったりしたときのために、家でのシャンプーの基本を知っておきましょう。

サロンで
ピカピカ

シャンプー・リンスの手順

シャンプーは、時間に余裕があるときに行いましょう。しっかり乾かし、ていねいにブラッシングすると数時間はかかります。2人いたほうが楽にできます。

1 必須のグッズを準備する

人用のシャンプー、リンスは犬の肌に合っていない成分が入っていることもあるので、犬用を準備します。泡で洗えるよう、あらかじめ洗面器に泡立てネットで泡立てておきましょう。

CHECK しよう！

- [ ] 犬用シャンプーとリンス
- [ ] タオル
- [ ] 洗面器
- [ ] 泡立てネットやスポンジ

ここに注意 シャンプーにいいタイミングは？

- [ ] 時間に余裕がある
- [ ] 人手がある
- [ ] 部屋が寒すぎない
- [ ] ワンコの体調がいい
- [ ] 予防接種後やヒート中ではない

2 全身をブラッシング

ぬらす前に、全身をブラッシング。毛のからまりをほぐしておきます。

③ 体をぬらす

POINT 1
シャワーヘッドを
体から離さずあてる

POINT 2
水温は約38℃

POINT 3
水しぶきが飛ぶほどの
水圧・音はコワイ！

シャワーヘッドを体につけ、弱めの水圧で体を
ぬらします。手でお湯をためてかけながら、下
半身から上半身へと移動していきます。

> **肛門腺は**
> 　毎月トリミングサロンで肛門腺を
> 絞ってもらっているなら、家ではや
> らなくていいでしょう。絞るなら、
> シャンプーをする前です。

④ 顔をぬらす

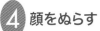

→

顔は最後にぬらします。目や鼻にお湯が入らないよう、カバーしながら手を
額から後頭部へと動かしていきます。さらに弱い、最低の水圧にしましょう。

⑤ 泡をつけて洗う

事前に準備した泡をのせ、泡で包むようなイ
メージでおしりから洗います。

シッポにも泡をつけ、両手で包むように
やさしく洗いましょう。

Part **8** お手入れで快適さを保つ

おうちシャンプーのテクニック

185

⑥ 下半身から上半身へ

背中とお腹に泡をつけ、胴体、首まわりと、下半身から上半身に向けて洗います。

⑦ 後ろ足と前足を洗う

後ろ足、前足の順番で洗います。いずれもつけ根から足先に向けて洗い、足裏もていねいに洗いましょう。

⑧ 頭と顔をやさしく

泡をのせ、目に泡が入らないよう注意して洗います。おでこ、鼻筋、耳もきれいにしましょう。

⑨ よくすすぎ、リンスも流す

手にためたお湯で、念入りにためすすぎ。リンスは洗面器に溶き、顔以外の全身にかけて。顔や脇の下はスポンジにふくませてつけます。なじませたら、シャワーでよく流します。

⑩ タオルドライ

ブルブルして水気を飛ばしたら、タオルで体を包んでふきます。顔や耳もていねいに。

ドライヤーのかけ方

トイプーの場合は、風を根元にあてながらスリッカーで全方向に
とかしてあげるのがふんわり仕上げるコツです。

順番は下半身から

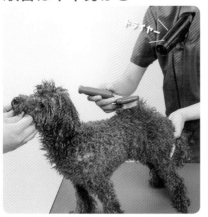

シャンプーの順番と同様、おしりから始め、下半身から上半身、後ろ足、前足、顔まわりと進めていきます。乾かしながら、スリッカーでとかします。

顔まわりはていねいに

直接強い風をあてないよう手でカバーしながらブローします。特に目には風をあてないで。目のまわりなどデリケートな部分は、風をあてながらコームでそっととかしてあげて。

＼ ココが POINT ／

1 かける場所は

少し高い場所にワンコをのせたほうが、動かずにいてくれます。ワンコからは手を離さないで。

2 犬の顔の向きは

風を直接受けず、風の方向と同じになるようにします。

3 ドライヤーは

両手があくように、衣類に差し込むといいでしょう。ドライヤースタンドを使ってもOK。温度は低めで、犬から30cmは離します。温度は低く、風量は強い犬用ドライヤーもあります。

4 風は毛の根元に

表面だけでなく、地肌を乾かすように毛の根元に風をあてるとふんわりとした仕上がりになります。

5 全方向にとかす

スリッカーは、あらゆる方向にあててとかしてあげると毛が立ちます。

6 乾いたか確認

完全に乾かないと蒸れて皮膚トラブルの原因になります。耳やシッポのつけ根、脇、内股、肉球の間など、ちゃんと乾いたか確認しましょう。

おうちでできる
部分トリミング

暮らしやすいようにケアしよう

トイ・プードルのカットスタイルを保つには、トリミングサロンを利用するのがいちばんです。ただ、足の裏の毛が伸びるとすべりやすくなり、特にシニアは、関節を傷めることもあります。バリカンでケアしてあげてもいいでしょう。

快適に遊べるよう、足裏はまめにチェックしてあげましょう。

足裏

後ろ足

前足

肉球から毛がはみ出すほど伸びると、すべりやすくなります。後ろ足も前足も、真後ろに軽く曲げて後ろからトリミングしてあげましょう。前足は嫌がりやすいので、後ろ足を先にします。

肉球からはみ出した毛をカットします。

あると便利な
ミニ・クリッパー

肉球やおしりまわりなど、家でも簡単にトリミングでき、安全に設計されたミニ・クリッパー。あると便利です。

おしり

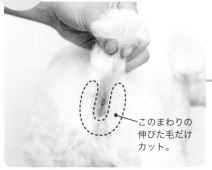

このまわりの伸びた毛だけカット。

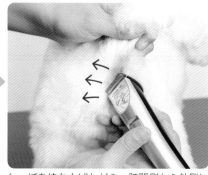

肛門まわりの毛が伸びると、ウンチがつきやすくなります。トリミングしてあげてもいいでしょう。シッポを軽く持ち上げ、肛門が見えるようにします。

しっぽを持ち上げながら、肛門側から外側に向かってカットしていきます。

おまかせくださいね！

ここに注意

目のまわりはプロにおまかせ

目のまわりはデリケート。おうちでのカットはNGです。あとで顔のスタイルを整えにくくなることもあるので、プロにまかせましょう。

汚れたときのケア

固くしぼったタオル

足先のよごれ

指の間は通気性が悪く、ぬらすと皮膚トラブルの原因に。固めに絞ったタオルで拭く程度に。指の間は、しめっていたら、そのままにせず汚れをふき取ってからドライヤーで乾かします。

おしりのよごれ

ウンチがついたままだったり、下痢したときは、ぬるま湯で絞ったタオルで拭きましょう。特に下痢のときは、体調が悪く体力も落ちています。シャンプーやドライヤーで、よけいな負担はかけないようにしましょう。

毎日の お手入れのポイント

子犬のうちに始めよう

トイ・プードルの健康を保つには、目や耳のケア、歯みがき、爪切りは欠かせません。子犬のころからハズバンダリートレーニング（→ p.167）を始め、少しずつなれさせましょう。

どのお手入れも、手伝ってくれる人がいれば2人で行うといいでしょう。ひとりが体を保持し、もうひとりがお手入れをします。

ひとりでするときは無理やり押さえつけたりせず、コングなどを使って楽しくできる工夫をします。

目のまわりは清潔に

こぼれた涙や目やにがそのままだと、細菌が発生し目のまわりの毛が茶色く変色することがあります。これを「涙やけ」といい、特に淡い色のプーは目立ってしまいます。まめにふいてあげましょう。

お手入れで
うっとり♡

1 目をチェック

目がしらからマズルにかけて、目やにがたまってないかをチェック。

2 目のまわりをふく

清潔なコットンやガーゼに市販の涙やけ用ローションをつけ、やさしくふいてあげて。

歯を毎日みがく

歯垢がたまったり、歯石ができないように、犬も毎日の歯みがきが必要です。歯が汚れると口臭が気になったり、歯茎が腫れて歯周病になることも。歯槽膿漏が悪化すると歯がぐらつき、顔が腫れてほおの皮膚に穴があくこともあります。ていねいにケアしましょう。

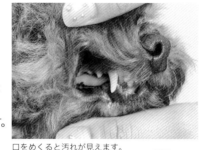

口をめくると汚れが見えます。

歯みがきシートやガーゼで

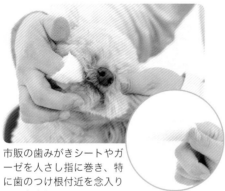

市販の歯みがきシートやガーゼを人さし指に巻き、特に歯のつけ根付近を念入りにふきましょう。

歯ブラシで

犬用歯ブラシを鉛筆のように軽く持ち、歯のつけ根中心にあてます。力を入れすぎず、軽く小刻みに動かしてみがきます。

利用したい！
歯のケアグッズ

歯みがきシート
犬に使いやすい、ノンアルコールのウエットタイプ。こすっても破れにくい。

犬用歯みがきジェル
犬用にはチキンフレーバーも。人用のキシリトール入りは犬の体によくないので使わないで。

歯みがきガム
かむことで歯垢が取れる。口臭予防にクロロフィル入りなどもある。

デンタルケア用サプリ
善玉菌で口内環境を改善。口臭や歯垢、歯石の軽減に。

耳はまめにチェック

トイプーは垂れ耳で、内側にも毛が生えているので通気性がよくありません。汚れがたまると菌が繁殖し、外耳炎や中耳炎になることがあります。

耳はデリケートなので、毎日掃除する必要はありません。でも、ときどきチェックし、汚れていたら洗浄液で洗いましょう。耳の毛は家では抜かなくて大丈夫です。

1 耳の汚れ、色を見てにおいをかぐ

耳を裏返し、汚れていたり赤くなっていないかチェックします。写真は健康な色みです。においもかいでみましょう。菌やダニが繁殖したり、炎症を起こしたりしているとくさいにおいがします。

2 イヤークリーナーで洗う

くさかったり、汚れていたら、洗浄液で洗います。犬用のイヤークリーナーを耳にたらして、クチュクチュと軽く耳のつけ根をマッサージ。

3 コットンでふき取る

イヤークリーナー

犬が頭をふると、汚れが出てくるのでコットンでふき取りましょう。耳の内側のひだも、見える範囲をふきましょう。

ここに注意

汚れ、においがひどければ受診

ふくと黒や茶色のべっとりとした耳垢がついたり、悪臭がひどいときは菌が繁殖しています。動物病院で診てもらいましょう。

爪は月1〜2回カット

多くのトリミングサロンでは、トリミングに爪切りを含んでいます。サロンでの月1回の爪切りで問題なければいいですが、歩くとチャカチャカと音がしたり、肉球に爪が食い込みそうになっているときは伸びすぎです。自分で切るか、病院で切ってもらうのもいいでしょう。

散歩が少ないと、地面との摩擦で削れないので伸びやすくなります。

1 しっかりと体を保持

犬は足先をさわられるのが苦手で、爪切りを嫌がることが少なくありません。後ろ足の爪を切るときは抱きかかえるように、前足はひざの上にのせるなどして、しっかりと体を保持します。前足、後ろ足両方とも、後ろに軽く曲げて持ちます。

2 穴に爪を入れカット

ギロチン型爪切り

爪やすり

穴に爪を入れ、握ると爪が切れます。深爪しないよう、先端だけを切って。あとはやすりをかけて整えます。

Point!

先端のみカット

白い爪は血管が透けますが、茶色や黒の爪だとよくわかりません。出血させないよう、先端のみ少しずつカットします。

肉球もケアを

Check!

クリーム

肉球は、ツヤツヤして弾力があるのが健康な状態です。カサカサしていたり、ひび割れていないか確認し、荒れているときはクリームを塗ってあげましょう。眠いときやごはんの直前などに塗ると、塗ったところをなめにくくなります。

リラックスタイムに
ドッグマッサージ

飼い主さんとプーのハッピータイム

トイ・プードルは飼い主さんのことが大好きで、ふれられるのを喜びます。おたがいふれあうと、幸せホルモンといわれるオキシトシンが分泌され、幸福な気持ちになります。

ワンコが飼い主さんに身をゆだねてくれるようになったら、全身にやさしくふれるマッサージも試してみましょう。おたがいリラックスでき、こわがりな子にも心地よい時間を作ってあげられます。

マッサージのメリット

血流がよくなり、動きがラクに
筋肉がほぐれ、血行がよくなります。関節の動きもなめらかになり、シニアも体を動かすのが楽になります。

信頼感が深まる
飼い主さんがやさしくふれ、いい気持ちにさせてくれると犬は安心して信頼感が深まります。

毛ヅヤがよくなる
血流がよくなると、毛根にも酸素や栄養が行きやすくなり毛づやもよくなります。

リラックスできる
ゆったりふれられると、気持ちが落ち着きリラックスします。飼い主さんも、一緒にリラックスできるでしょう。

体の異変に気づく
腫瘍などがあれば、早く気づけます。あばらの具合など体格の変化がわかり、病気の早期発見につながります。

疲れがたまりやすい肩まわりや首から軽くなでてあげましょう。ワンコが「何してるの!?」と強い視線で見るときは、力が強いのかもしれません。

極楽…

Part **9** 健康を守るコツ

健康を保つ
4つのポイント

かわいいプーに元気でいてもらうために、
迎えたときから、健康管理が大切です。
飼い主さんが、特に気にかけたいポイントは？

POINT 1

毎日の観察をしっかり

トイプーに変化があったとき、いちばん早く気づけるのはいつも一緒にいる飼い主さんです。お世話のときはもちろん、散歩や遊んでいるときも、ふだんとの違いに気を配りましょう。

ようすが違うときは、早めに動物病院を受診したほうが安心です。

POINT 2

食生活の管理を

ワンコは、飼い主さんから与えられる食事で成長します。子犬から成犬、やがてシニアへと進む各ライフステージに合わせ、安心できるドッグフードを選んであげましょう。

肥満になると、糖尿病や関節を傷めるリスクが高まります。体重管理は飼い主さんの務めです。

POINT 3

散歩コースや環境の安全を確認

散歩コースや家の中の安全を確認することも重要です。散歩では車に注意し、拾い食いしそうなものが落ちていたり、除草剤が撒かれていたり、青梅や銀杏が落ちている場所は避けます。トイプーは関節トラブルを起こしやすいので、家の中でもすべりそうな場所はクッション性が高くすべりにくい床材にするなど工夫しましょう。

POINT 4

かかりつけ医を決めておく

何かあったときあわてないよう、子犬を迎えたら早めに動物病院を探しておきましょう。通いやすい場所にあると便利です。

近所の飼い主さんに、病院の情報を教えてもらうと参考になります。

CHECK しよう！

健康管理のポイント

いつもとようすが違わないか、
こんな点をCHECK！

- ☐ 元気はあるか
- ☐ いつもどおり散歩に行くか
- ☐ 食欲はあるか
- ☐ 吐き気はないか
- ☐ 便秘・下痢はないか
- ☐ 尿の色、においはいつもどおりか
- ☐ 動くのを嫌がらないか
- ☐ ふれられるのを嫌がる部位はないか
- ☐ 体は熱くないか
- ☐ 呼吸はいつもと同じか

いつも見ててね

197

健康チェックを 毎日しよう

ふだんから体の調子を気にかけよう

ワンコの体の異変に、最初に気づいてあげられるのは飼い主さんです。いつもどおり遊んでいるか、食欲はあるか、尿や便に変わりはないかなど、毎日体のようすを気にかけてあげましょう。

ブラッシングや、目や歯をお手入れするときに、各部の異常はないか確認します。

笑顔全開！

\ CHECK POINT /

目

適度にぬれ、輝いているのが健康な状態です。目やにはついていないか。充血や涙目になっていないか。

鼻

寝起きと、寝ているとき以外は湿っているのが健康です。ふれると湿っているか、鼻水や鼻血は出ていないか。

口・歯

健康だと歯肉や舌はピンク色で、口臭もわずかです。口臭がないか。歯肉が腫れたり、出血していないか。よだれが出ていないか。

耳

内側が薄いピンク色でにおわなければ健康です。くさくないか、赤くなっていないか。かゆがったり、黒い耳垢がたまっていないか。

体全体

全身にふれ、おできやしこりはないか。さわって痛がるようすがあったり、ひどく嫌がる部位はないか。

皮膚・被毛

被毛は適度なつやがあれば健康です。皮膚は湿疹やイボ、赤みはないか。乾燥したり、脂っぽかったり、脱毛はないか。

足・足先

歩き方は正常か。爪が伸びすぎていたり、足裏に傷はないか。肉球の間などに、何か刺さってないか。

おしり

肛門のまわりはきれいか。しきりにおしりをなめたり、地面にこすりつけたりしないか。

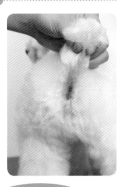

便

健康な便は形を保つ程度の硬さがあり、こげ茶色です。色はおかしくないか、下痢や便秘をしていないか、血や異物は混ざっていないか。

健康な便　軟便

水様便　泥状便

尿

健康な尿は、黄みがかかって透明です。色はおかしくないか。回数は多すぎたり、少なすぎたりしないか。大量に水を飲み、大量にオシッコをしないか。

ワンコの平熱は？

　犬の平熱は 38 〜 39℃と、人より少し高めです。抱っこしていつもより熱いと感じたり、元気がないときは体温を測ってみましょう。

　ペット用には先端がやわらかい直腸用と耳用、非接触式の体温計が市販されています。直腸での検温がいちばん正確ですが、肛門に差すので粘膜を傷つけないよう注意が必要です。難しければ、病院で測ってもらいましょう。

どう探す？ どうかかる？ 動物病院

評判のいい病院を探しておこう

犬を迎えるころには、動物病院を探しておきましょう。病院探しは近所の飼い主さんたちの評判や、ネットの口コミも参考になります。通いやすくて何でも相談でき、信頼のおける獣医さんが理想です。

数軒を受診する飼い主さんもいますが、なるべく同じ病院のほうが体質や病歴を把握してもらえます。数軒を受診する場合は、薬がかぶらないようメモし、獣医師にも伝え管理しましょう。

気になる症状やケガがあれば、早めに受診します。夜間受診が可能かも確認しておきましょう。

受診の流れ

1 事前に電話

獣医さんの指示に従い、病院へ。症状次第では、着くまでにしたほうがいいことがあるかもしれません。

2 必要なものを持参

症状次第で、便や吐いたものを持参します。伝えたいことを書いたメモや、動画を持参するのもいいでしょう。

3 待合室では静かに

キャリーケースやバッグに入れて、足元に置くか、かかえて待ちます。抱っこで待っていてもOKな病院もあります。

4 診察室では落ち着いて

犬は慣れない環境に緊張していることが多いので、飼い主さんが落ち着いた態度を見せ安心させてあげましょう。医師の指示で、犬をおさえるなど補助することも。

CHECK しよう！

伝えたいこと

- ☐ 出ている症状
- ☐ いつから体調が変化したか
- ☐ 食べさせたフードやおやつ
- ☐ オシッコやウンチの量、状態 など

病院へ行くとき

● 体の不調・ケガがあるとき

応急処置したら病院に行こうねー

犬は不調を自分で訴えられません。健康チェックで、ふだんと違うと思ったら早めに受診したほうが安心です。

ケガの場合も、早めに受診します。痛みで混乱して、かんでしまうこともあるかもしれません。やさしく声をかけ、必要に応じてエリザベスカラーや口輪をつけてから応急処置したり、移動したりしましょう。

● 予防接種で

かかりつけ医に相談しながら、犬の体調のいいときに接種します。

子犬のワクチン接種を終えた1歳以降も、年1回の狂犬病予防接種が義務づけられています。数種の病気を予防できる混合ワクチンは（➡ p.30）、定期的な接種がすすめられています。

● フィラリア症の予防で

年1回

おやつタイプ

スポットタイプ

蚊が媒介して感染するフィラリア症は、飼い主さんが毎月きちんと薬を飲ませれば100％予防できる病気です。嗜好性のよいおやつタイプ、皮膚に塗るスポットタイプ、1回の注射で1年効く注射タイプなどさまざまな投薬法があります。

病院では、まず血液検査で感染の有無を確認します。そのうえで、いずれかの薬で予防してもらいましょう。フィラリア症の専門学会では、通年の予防をすすめています。

● ノミ・マダニの予防で

Guard

ノミ、マダニの予防には、錠剤、おやつタイプ、スポットタイプなどさまざまな薬があります。人気はフィラリアと同時に予防できる、月1回投薬するタイプです。病院で処方してもらいましょう。

吸血する寄生虫は、SFTS（重症熱性血小板減少症候群）やライム病、猫ひっかき病など人も感染するウイルスをもっています。免疫力のない人が感染すると亡くなることもあり、予防は欠かせません。

したほうがいい？ 去勢と避妊手術

メリットとデメリットを知って決断を

家で繁殖させたいのでなければ、子犬のうちから去勢や避妊手術を検討します。かかりつけの獣医さんと相談し、去勢、避妊手術によるメリット、デメリットを理解しましょう。

特に多頭飼いをする場合は、早めに決断したほうが安心です。手術するかどうかは、飼い主さん次第です。

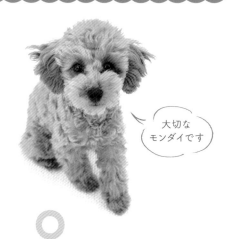

大切な
モンダイです

去勢手術の メリット

落ちついたね

オスは前立腺や精巣の腫瘍など、生殖器の病気を予防できます。ほかの犬への攻撃やなわばり意識を抑えられ、犬自身のストレスを減らせ、落ち着きやすくなります。

避妊手術の メリット

メスは卵巣や子宮の病気を予防するだけでなく、乳がんの発症リスクも減らします。発情に伴う生理（ヒート）がなくなり、ヒートのケアが不要になります。望まない妊娠もありません。オス犬を刺激する、ヒートによるトラブルも予防できます。

うーーん
どうしよう…

キューン

デメリット

あとで「うちのワンコの2代目がほしい」と思っても、繁殖させることはできません。また、たとえ多くの犬が受ける安全性の高い手術といっても、全身麻酔などのリスクを伴います。

オスもメスも手術後はホルモンバランスが変わり、太りやすくなります。

手術はいつがいい？

手術のタイミングはかかりつけ医と相談して決めます。

オスは権勢本能が芽生え、片足を上げてオシッコし始める前の生後5〜6カ月ごろ手術するといいでしょう。メスは初めてのヒートを迎える前の、生後6〜7カ月ごろが理想です。

いつ頃がいいでしょうか!?

どんな手術？

術前に病院に相談し、検査を受けて問題なければ手術日程を決めます。オスもメスも、抜糸するまでの1〜2週間は、傷口をなめないようエリザベスカラーをつけたり、術後服で過ごします。

では、日程を決めましょう

♂ オスの去勢手術

全身麻酔をし、睾丸を摘出します。体への負担はメスより少なく、日帰りできるところと、1泊入院する病院があります。

♀ メスの避妊手術

全身麻酔をし、卵巣と子宮を摘出します。1泊入院が一般的です。

ヒート（発情）ってどんなもの？

ヒートとはメスの発情期のことで、その間は出血があり、交尾すると妊娠します。

初めてのヒートは生後8カ月ごろまでに迎え、その後は6カ月周期で春と秋に起こります。ヒート中に妊娠しなければ出血は通常2〜3週間で終わります。その後偽妊娠期間が1〜2カ月続きます。その間は乳汁が出たり、ぬいぐるみを相手に子育てを始める犬もいます。

ヒート中は犬用生理パンツをはかせます。オスが寄ってくるので、犬が集まる場所は避けましょう。

覚えておきたい
緊急時の対処法

基本の処置を知っておこう

ワンコがケガをしたり、トラブルが発生したときは、落ち着いて適切な応急処置をしましょう。もしものときのために、ここで紹介する基本的な対処法をぜひ知っておいてください。

応急処置で回復しても、処置後はすぐに病院へ連れていきます。獣医師にケガや具合を診てもらいましょう。

イザ、のときはおねがい

出血した！

⬇

圧迫して止血

ケガで出血したら、清潔なコットンやガーゼで圧迫止血します。消毒液を使うと血が止まらなくなることがあるので、何もつけません。汚れがひどいときは、血が止まってから水道水で洗い流します。

出血量が多く止まらないときは、患部を心臓より高くして包帯などで押さえ、動物病院へ連れて行きましょう。

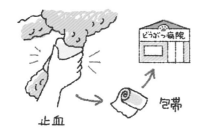

圧迫止血しつつ病院へ。

熱中症になった！

⬇

体を冷やす

犬は暑さが苦手です。暑い日に外にずっといたり、車や室内でもエアコンをつけずにいると、熱中症になり命にかかわります。

息が荒く、ぐったりしたり、全身が熱いときは熱中症かもしれません。すぐに涼しくて風通しのいい場所に移し、冷たいタオルや水で体を冷やします。意識がしっかりしていれば、薄めたスポーツドリンクや食塩水を飲ませて。

氷や保冷剤で冷やすときはタオルをあてて。足のつけ根などを冷やします。

のどに詰まった！

↓

かき出すか吐かせる

何かを飲んでのどに詰まらせたら、見えていれば指でかき出します。同時にのどを刺激すれば、反射で吐くこともあります。

それでも吐かなければ、心臓マッサージの要領で横向きに寝かせて。首はまっすぐにし、胸を押して肺の空気で押し出します。

異物が見えれば
かき出します。

やけどした！

↓

20分以上冷やす

熱湯や油をかぶったら、すぐに患部を冷やします。水を患部にかけ続けるか、ビニール袋に入れた氷で20分以上は冷やしましょう。薬品のやけどはゴム手袋をしてから流し、人もやけどしないよう注意します。

20分以上冷やしましょう。

ここに注意 アナフィラキシーショックを起こしたら

ワクチンの副反応やハチに刺されたり、食品や薬などでショック状態になることがあります。アナフィラキシーショックといい、ぐったりし、呼吸が苦しくなりよだれが止まらない、失禁するなどの症状が見られます。心停止や窒息で亡くなることも。一刻も早く、動物病院で治療を受けましょう。

過去にハチに刺されたり、ワクチンの副反応があった場合は、医師にその旨を伝えます。

心肺停止！

↓

心臓マッサージと人工呼吸を

①右を下にして寝かせ、首をまっすぐにして舌を引っぱり出し気道を確保。
②左側の足のつけ根の心臓の真上に両手をあて、1分100回ほどの速さ（15秒で25〜30回）で体の1/3が沈む程度に圧迫。
③圧迫後、犬の口を閉じ、10秒に2回鼻の穴から胸が膨らむように息を吹き入れて。
④②〜③の心臓マッサージと人工呼吸を交互に繰り返します。

引っぱる

15秒心臓マッサージ、10秒人工呼吸を
蘇生まで繰り返します。

ワンコの防災を考える

リード　うんち　ペットフード　Dog food　水　食器　ハーネス　おもちゃ　シーツ　毛布　ペットシーツ　クレート

犬にも非常用袋を用意し、災害に備えましょう。袋には2週間分のフードと水、食器、ハーネスとリード、ペットシーツ、ビニール袋などを準備します。鑑札や迷子札は、ふだんからハーネスにつけておきましょう。

お散歩コースに避難路を入れ、ふだんからクレートを使って避難にならしておきます。避難時のケガ予防に、犬用靴や子ども用靴下を用意しておくといいでしょう。

快適にしてあげたい
シニア犬との暮らし方

加齢のサインを知っておこう

トイ・プードルは人の約4〜6倍の速さで成長し、7〜8歳にはもうシニア犬のなかま入りをします。うっすらと白髪が生えてきたり、目や耳の機能が衰えたり、活動量が減ってきたりします。

シニアになると、どんな変化が表れるのか知っておきましょう。老化に応じて生活を変え、環境を整えてあげます。

耳・聴覚

だんだん聞こえが悪くなり、呼んでも振り向かなかったり、背後からふれると驚くことも。以前より臆病になり、大きな声で吠えるようになる子も。

目・視力

目やにが増え、視力が衰えてきます。視力低下でものにぶつかったりしますが、嗅覚でカバーされることも。白内障や緑内障にかかることも。

鼻・嗅覚

衰えはいちばん遅く、視力が落ち、聞こえが悪くなってもにおいで飼い主さんやフードがわかります。衰えると、食欲が落ちることも。

口・歯

とがった歯が削れ、あごの力が弱くなりやわらかいものを好むように。歯周病で口臭が強くなったり、口の中が痛くて食べられなくなることも。

脚力など筋力

筋肉が減り、足腰が弱ってきます。以前より長時間の散歩を嫌がり、行きたがらないことも。排泄時にふらついたり、普段から足が震える子も。

CHECK しよう！ 行動からわかる、加齢の兆し

いくつ該当するか、ときどきチェック！

- [ ] 散歩を嫌がるようになった
- [ ] 歩く速度が遅くなった
- [ ] 眠っている時間が長くなった
- [ ] 名前を呼んでも、反応が鈍い
- [ ] 段差につまづくことが増えた
- [ ] 排尿の回数が増えた
- [ ] トイレの失敗が増えた
- [ ] 動作がゆっくりになった
- [ ] 物音に対する反応が鈍くなった

認知機能

認知症になると、同じところをぐるぐる回ったり、単調な声で吠え続けたり、昼夜逆転する子がいます。飼い主さんのことがわからなくなることも。

皮膚

弾力がなくなり、シワやシミができたり、脂っぽくなりがち。古い角質がたまってイボができたり、免疫力低下からの感染で腫瘍ができやすくなります。

毛並み

つやがなくなり、マズルを中心に白髪が目立ってきます。新陳代謝が悪くなり、毛量が減ります。脱毛がひどいときは、ホルモンの病気などのことも。

排尿・排便

筋力が衰えると、排泄をがまんしづらくなり失敗が増えてきます。足腰が弱り、立ち上がろうと力んだ瞬間に漏らしてしまうことも。

関節・骨

軟骨がすり減り、関節炎や変形性関節症、椎間板ヘルニアになることが。痛みや違和感で歩き方、座り方が変わったり、動作がゆっくりになります。

207

　加齢のサインが見えてきたら、年齢に合ったケアをしてあげましょう。住環境、ごはん、毎日の散歩など、生活全般を今の状態に合っているか見直します。

　体温調節の機能も、衰えてきます。暑さ、寒さに弱くなるので、今まで以上に温度管理に気をつけましょう。

住環境をチェック

　つまずきそうな段差をなくしたり、いつもの居場所は快適かチェックしてあげましょう。視力が落ちても、家具の配置は覚えていたり、においである程度わかるので生活環境を大きく変える必要はありません。

☐ 床はすべらない工夫を

マットを敷いたり、すべらないワックスを塗るといいでしょう。足の裏に貼るすべり止めや爪カバーもあります。

☐ 段差はなくすか柵を

段差をなるべくなくし、バリアフリーにします。落ちてケガしそうな玄関や階段には入れないよう柵をします。

☐ 居場所は快適に

直射日光は当たらないか、床は冷えすぎではないかなど、いつもいる場所が適温か気にかけます。寝床は人の気配がする、静かな場所にしてあげて。体がすっぽり入ると落ち着けます。

排泄をサポート

　排泄の失敗が増えてきたら、サポートしてあげましょう。

☐ こまめに連れていく

がまんしづらいので、まめにトイレに連れていきます。トイレの場所を増やしたり、ペットシーツを広めに敷いても。

☐ オムツでケア

寝ている間に体が汚れないよう、オムツやマナーベルトをしても。

散歩は無理せずに

　散歩を嫌がることもありますが、やめるといっそう筋力が衰えます。気分転換にもなるので、ようすに合わせて散歩させてあげましょう。

☐ カートでお出かけ

カートで出かけ、公園に着いたら降ろしたり、歩かせるのもいいでしょう。

シニア向けの食事に

　活動量が減るため、成犬と同じフードを食べていると肥満になることがあります。7〜8歳になったら、シニア用ドッグフードに少しずつ切り替えます。

☐ ドッグフードはシニア用に

低脂肪、低カロリー、高タンパクのシニア用フードがおすすめ。今までのフードに混ぜ、徐々に切り替えましょう。

ここに注意

早めに受診を

　目が白く濁った、食べられない、脱毛してきた、吠え続けるなど、気になる変化に気づいたら早めに受診を！

☐ ペースを合わせる

犬のペースに合わせ、ゆっくりと歩きます。

☐ 時間帯や気温に配慮

若いころ以上に、負担の少ない時間帯を選んで。夏は早朝と夜、冬は日中の散歩がいいでしょう。

☐ 食器の位置を高くする

器が低い位置にあると、首の負担になります。少し高めにしてあげましょう。

☐ 食が細くなったら

フードを小さめの粒にしたり、ふやかして食べさせてみます。少しあたためると、においがわかりやすくなります。歯周病で食べられないこともあるので、獣医さんで口の中を診てもらうといいでしょう。

トイプーに多い
病気と治療のこと

毎日のチェックで早期発見を

トイ・プードルがかかりやすい病気があります。早く気づくことで治療も早く始められるので、毎日の健康チェックは欠かさないようにしましょう。暮らし方や日常のケアで、予防できる病気もあります。

骨・関節 のトラブル

生まれつき変形などがある場合と、転んだり高いところから落ちたりして発生することがあります。

こっせつ
骨折

原因と症状

骨が折れるだけでなく、欠けたり、ヒビが入った状態も骨折です。高いところから落ちたり、飛び降りて足などを折ることがあります。歯の感染によりあごを骨折したり、骨の腫瘍も原因になります。足を骨折すると腫れて強い痛みが起き、地面につけないで浮かせて歩きます。

予防と治療

自転車のかごや、抱っこした腕から落ちるなど、飼い主さんの不注意で前足を折るケースが多いので気をつけて。骨折部位にギプスや添え木をしたり、手術でピンやワイヤー、プレート、ボルトを入れ、骨折部位を固定して治療します。

しつがいこつだっきゅう
膝蓋骨脱臼

原因と症状

膝蓋骨（ひざのお皿）が正常な位置から外れ、うまく歩けなくなります。足を曲げ伸ばしするとひざから音がすることも。元気すぎ

る子やシニアは、急激な動作で靭帯断裂を起こすこともあります。

予防と治療

適度な運動で筋肉をつけたり、床をすべらないようにして関節の負担を軽くする、段差を減らすなどの工夫で予防します。症状が軽ければ消炎剤や関節のサプリで症状をやわらげます。重度の場合は外科手術で治療します。

こかんせつだっきゅう
股関節脱臼

原因と症状

股関節がはずれた状態が股関節脱臼です。交通事故や落下、踏まれたなど、大きな衝撃で起こり、痛みで足を浮かせたままになります。トイ・プードルは生まれつき股関節が浅い股関節形成不全が比較的多く、大腿骨頭が壊死するレッグ・ペルテス病（大腿骨頭壊死症）も原因に。

予防と治療

事故や落下を避け、段差などをなくすことが予防につながります。外れた関節を元に戻して固定することで治る場合もありますが、再発することも。レッグ・ペルテス病は多くの場合、手術が必要になります。

口・歯 の病気

小型犬は歯の生えるスペースが狭く、歯並びやかみ合わせに問題があることがほとんど。
成犬になっても乳歯がそのままの犬もいます。歯と歯の間が近く、歯垢もつきやすくなります。

にゅうしいざん
乳歯遺残

原因と症状

　乳歯が抜けずに残ることを乳歯遺残といいます。放っておくとかみ合わせが悪くなり、歯垢がついて歯周病になりやすいです。通常は乳歯が抜けて永久歯に生え変わり、生後5〜8カ月に上顎14本、下顎14本の乳歯から上顎20本、下顎22本になります。

予防と治療

　動物病院で、残った乳歯を抜歯してもらいます。

ししゅうびょう・こんせんしゅういのうよう
歯周病・根尖周囲膿瘍

原因と症状

　歯垢や歯石についた細菌が原因で、歯肉や歯を支える組織が炎症を起こす病気です。口臭が強くなり、歯肉が赤く腫れて出血したり、痛みで食べられなくなったりします。歯周病が進むと根尖周囲膿瘍になり、頬の皮膚が破けたり、あごの骨が溶けて折れることも。

予防と治療

　歯みがきがいちばんの予防。病院では、超音波スケーラーで歯石を除去します。

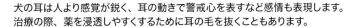

耳 の病気

犬の耳は人より感覚が鋭く、耳の動きで警戒心を表すなど感情も表現します。
治療の際、薬を浸透しやすくするために耳の毛を抜くこともあります。

がいじどうえん
外耳道炎

原因と症状

　細菌やマラセチア、耳カイセンに感染し、耳道が炎症を起こします。赤くただれて痛みやかゆみを生じ、犬は耳の後ろをかいたり、床にこすりつける、頭を振るなどします。褐色や黄色の耳垢がつき、不快な酵母臭を発します。耳をさわられるのを極端に嫌がるときは、鼓膜が傷ついている可能性があります。

予防と治療

　耳をいつも清潔に保つことで予防します。病院では洗浄液や生理食塩水で洗い、抗生物質や点耳薬で治療します。耳カイセンは、注射やスポットタイプの駆虫薬で落とします。外耳炎や中耳炎は難聴を助長するおそれがあるので早めの治療を。

ろうれいせいなんちょう
老齢性難聴

原因と症状

　高齢になると、年とともに音を感じる有毛細胞が減少し、聞こえが悪くなると考えられています。飼い主の呼びかけに反応しなかったり、寝ているときに近づいても気づかず起きなくなります。

予防と治療

　難聴は認知機能の低下にもつながることがあります。耳以外の器官から脳を刺激し進行を遅らせましょう。適度な散歩は、視覚や嗅覚、触覚を刺激するよい方法です。ノーズワークなどの遊びもおすすめです。中獣医学では耳の異常は腎虚ととらえ、腎の機能を高める鍼灸や漢方を使います。

目 の病気

いつもと違う目やにや、あまりに多い涙は眼病のサインかもしれません。ふだんから、よく観察しましょう。

結膜炎
けつまくえん

原因と症状

毛や異物が目に入ったり、細菌・ウイルス感染で起こります。アレルギーやドライアイが関係している場合も。結膜の炎症で、充血や目やにが見られます。

予防と治療

点眼薬などで治療します。目のまわりの毛を短くカットして清潔に保ちます。

白内障
はくないしょう

原因と症状

水晶体が白くにごり、視力障害が出ます。老年性白内障（6歳以上）、先天性・若年性白内障（5歳以下）のほか、糖尿病や目のケガ、腫瘍が関係していることも。

予防と治療

進行を遅くする目薬やサプリメントを用います。早期なら手術で視力回復できることも。

涙やけって？
なみだ

目頭あたりの被毛が、涙で赤茶色になるのが涙やけです。特に毛が白やアプリコット色だと、よく目立ちます。
結膜炎や角膜炎、逆さまつ毛の刺激で涙の量が増えたり、涙の出口がつまって涙が目からあふれると起こります。まめにふいて予防しましょう。ひどいときは病院へ。

皮膚 の病気

間違ったスキンケアで皮脂を取りすぎると、免疫力が落ちてしまいます。
皮膚の状態に合ったお手入れを心がけましょう。

アレルギー性皮膚炎
あれるぎーせいひふえん

原因と症状

食物アレルギーは1歳未満で発症します。目や口、背中、肛門、足先などがかゆくなります。ホコリ、花粉、ダニ、カビなどが原因のアトピー性皮膚炎は、耳や目のまわり、四肢、胸、腹、脇などがかゆくなります。

予防と治療

薬用シャンプーで皮膚の清潔を保つことと、保湿が大事。アレルゲンを除去し、かゆみはステロイド剤などでコントロールします。

マラセチア性皮膚炎
まらせちあせいひふえん

原因と症状

マラセチアという真菌が増殖し、ベタつきやフケ、赤み、独特の酵母臭とかゆみが出てきます。脇の下や耳、内股、指の間、口、肛門まわりによく起きます。

予防と治療

マラセチアに効果のある内服薬や外用薬、薬浴、かゆみ止めで治療します。再発しやすいので、予防するためのケアが大切です。

呼吸器 の病気

いつもと違った苦しそうな呼吸をしていたり、咳が出るときは病気かもしれません。早めに受診しましょう。

きかんきょだつ
気管虚脱

原因と症状

気管がつぶれてガーガー、ヒューヒューと苦しそうに呼吸します。加齢や肥満、飼い主さんの喫煙などで悪化します。

予防と治療

首輪をやめる、高温多湿を避け、興奮させないなどの工夫をすると症状が軽減します。薬でコントロールできない場合、気管拡張の手術を行うことも。

けんねるこふ
ケンネルコフ

原因と症状

ウイルスや細菌が呼吸器に感染して起きます。子犬や老犬など免疫力の弱い犬が発症しやすく、咳や発熱が見られて、重症化すると気管支炎や肺炎になることも。

予防と治療

日ごろから、環境変化などストレスをかけない生活を送りましょう。病院では、抗生物質やネブライザーなどで治療します。ワクチン接種で重症化が防げます。

お腹 の病気

下痢や嘔吐は、食べすぎや消化不良などの場合が多いですが、違う病気のサインのことも。

げり・おうと
下痢・嘔吐

原因と症状

食べすぎ、食事の急な変化、異物の誤食、寄生虫、ウイルス、細菌、ストレスなどで起こります。下痢は水分の多い便に、血液や粘液が混じることも。元気と食欲がなくなり、脱水し体力がうばわれます。

吐物に混じる黄色い液は胃液です。何度も吐くと、食道が炎症し、吐物に白い泡が混ざります。

予防と治療

食べすぎ、拾い食いに注意し予防します。フードを変えるときは以前のものと混ぜながら徐々にならします。病院へは、なるべく新しい下痢便や吐物をビニール袋で密閉し持参。検査をして原因に合わせた治療をします。

すいえん
膵炎

原因と症状

急性膵炎は膵臓から分泌されるタンパク分解酵素の働きが活発になり、自分の膵組織を自己消化することで発症します。肥満気味の中齢以上のメス犬に多く、突然の激しい腹痛、嘔吐、下痢などがあり、ひどいと多臓器不全を起こし死亡します。

慢性膵炎は感染などで炎症が慢性化し、膵組織が線維化して消化吸収がうまくできなくなります。食欲があるのにやせていき、白い脂肪便が大量に出ます。

予防と治療

抗生剤や消炎鎮痛剤、胃腸薬や下痢止めなどで症状に対処します。長期にわたり、脂肪を制限した食餌療法が必須です。

内分泌系 の病気

シニアになると、増えてくる病気です。予防できるものもありますが、そうでない病気も。
治療を続けながら、気長に病気とつきあっていきましょう。

こうじょうせんきのうていかしょう
甲状腺機能低下症

原因と症状

　甲状腺ホルモンが不足し、細胞の代謝がうまくいかなくなります。シニア犬に多いですが、若い犬でも発症することが。元気がなくなり、寝ている時間が長くなります。あまり食べないのに体重が増え、全体的に薄毛になり皮膚は乾燥します。耳などが左右対称に脱毛したり、鼻梁が脱毛し黒く色素沈着することも。ネズミの尾のように脱毛することも。

予防と治療

　甲状腺ホルモン剤を飲ませ、足りないホルモンを補います。マッシュルームなどを食事に加えるのもいいでしょう。

ふくじんひしつきのうこうしんしょう
副腎皮質機能亢進症

原因と症状

　クッシング症候群ともいわれます。副腎皮質からコルチゾールというホルモンが過剰に分泌されます。副腎腫瘍も原因のひとつ。6歳以上の成犬に多いといわれています。
　多飲多尿、息が荒くなる、左右対称の薄毛などが見られます。皮膚や筋肉が薄くなり、お腹がふくらんで見えます。糖尿病を併発している場合はインシュリン注射が必要です。

予防と治療

　定期的な健康診断で早期発見を。治療は難しく、長くつきあう病気です。

泌尿器 の病気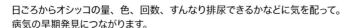

日ごろからオシッコの量、色、回数、すんなり排尿できるかなどに気を配って。
病気の早期発見につながります。

ぼうこうえん・にょうどうえん
膀胱炎・尿道炎

原因と症状

　細菌感染がおもな原因ですが、結石や腫瘍でも起こります。進行すると頻尿、発熱、多飲などの症状も。結石や腫瘍があると膀胱や尿道の粘膜が炎症を起こし、痛みや血尿などの症状が出ます。尿は濃くにごり、においます。

予防と治療

　予防は水を多く飲ませる、長時間オシッコを我慢させないなど。感染が原因なら抗生物質、結石なら療法食や、結石をできにくくするサプリメントを用います。結石が大きく尿が出ない場合は外科手術も。

まんせいじんふぜん
慢性腎不全

原因と症状

　腎臓の働きが悪くなり、老廃物や毒素が体内に蓄積。進行すると尿毒症になり、死に至ります。初期は尿量が増え、水をよく飲む程度ですが、やがて食欲がなくなり体重が減少。脱水や嘔吐、ケイレンなどが見られます。

予防と治療

　点滴で尿量を増やし、体内に蓄積した老廃物を減らします。一度失われた腎機能は回復しません。早期発見し、低リン、低ナトリウム、良質のタンパク質を摂るなどの食餌療法で進行を遅らせます。

脳・神経 の病気

足が麻痺したり、ふるえたり、排尿・排便が難しくなるなど症状はさまざまです。
痛みを伴うものもあり、受診が必要です。

せきずいくうどうしょう
脊髄空洞症

原因と症状

小型のトイプーに多いようです。かゆくないのに首や体をかいたり、音やさわられることに敏感です。後頭骨形成不全症(キアリ様奇形)や水頭症を伴うことが多く、MRIやCTで診断します。

予防と治療

症状が重度で足が麻痺して歩けなくなったり、痛みが強い場合は手術を検討したほうがよいでしょう。

ついかんばんへるにあ
椎間板ヘルニア

原因と症状

椎間板が脊柱管内に突出し、脊髄を圧迫して起こる病気です。抱き上げると痛がったり、うまく歩けなくなったりします。ひどくなると四肢が完全に麻痺し、自力による排便、排尿も困難になります。

予防と治療

ステロイド剤や消炎剤、ビタミン剤が処方されます。脊髄の圧迫を減らしたり、突出した椎間板を取り除く手術を行うことも。鍼灸や漢方なども効果的です。

てんかん
てんかん

原因と症状

原因不明の特発性てんかんと、脳腫瘍や脳炎、外傷などが原因の症候性てんかんがあります。興奮で意識を失い、泡を吐いてけいれんします。よだれを垂らしたり、失禁することも。

予防と治療

日付と時間、発作の長さ、症状、天気などを記録しておくと診察時に役立ちます。安全を確保した後、動画撮影も治療時の参考になります。発作時の対処を獣医師に教わっておくといいでしょう。治療は抗てんかん薬の投与、原因への対処、食餌療法などです。

犬の"認知症"

犬も認知症になり、早ければ10歳、多くは13〜15歳ごろから兆候が表れます。ふだんからマグロ、アジ、カツオなどに含まれるDHA、EPAを与えましょう。

やさしく声をかけ、ひざにのせてなでてあげて。散歩でにおいをかがせるのは、脳へのいい刺激になります。

症状は　　**CHECK しよう!**

☐ 徘徊する
☐ 旋回する
☐ 壁や隙間に頭を押しつけたまま動かなくなる
☐ 飼い主がわからなくなる
☐ 無気力、無関心
☐ 性格が攻撃的になる
☐ 昼夜逆転し、夜鳴きが始まる
☐ 異常な食欲

心 臓 の病気

疲れやすくなった、散歩に行きたがらない、のどがつかえたような咳をする……。
いずれも加齢によるものとあきらめず、心臓の検診を受けましょう。
フィラリアも寄生虫が心臓に寄生する心臓の病気です。毎月の予防薬を忘れずに。

そうぼうべんへいさふぜんしょう
僧帽弁閉鎖不全症

原因と症状

左心房と左心室の間にある僧帽弁が加齢や感染で変形したり、閉らなくなって血液が逆流します。

肺に負担がかかり、のどがつまったような咳をして運動を嫌がります。進行すると肺水腫になり、呼吸困難に陥ります。

予防と治療

強心剤や降圧剤、利尿剤で維持します。過度な運動は控え夏でも室温23〜24℃、湿度50〜60%に保って。定期的に心臓検診を。

寄生虫症を予防しよう

犬が寄生虫症にかかると、栄養をとられてやせたり、元気がなくなるだけでなく、
亡くなることもあります。定期的な検査と駆虫薬による予防が重要です。

蚊やマダニが媒介

フィラリアは蚊が媒介し、感染すると肺高血圧症や心不全が起き、腹水がたまり亡くなります。人にうつることも。

SFTS、バベシア症などの血液に寄生する病原体は、吸血性のマダニが媒介し感染します。人にも感染し、特にSFTSの死亡率は犬で30%、人で20%の報告があり、予防薬と駆虫薬での対策が欠かせません。

便検査もお願いします

経口感染する寄生虫も

犬回虫、犬鉤虫、コクシジウムなどは、犬が寄生虫卵や寄生虫を持つ中間宿主を食べて寄生します。寄生が少なければ無症状ですが、たくさん寄生すると腹痛、下痢が起こり、元気がなくなったりやせたりします。子犬に大量に寄生した場合、治療が遅れると命にかかわります。

症状がなくても、ワクチンのときなどに便検査を受けて。ふだんからフンの処理のあとによく手を洗う、過度なスキンシップを避けるなどして、人への感染も予防しましょう。

生殖器 の病気

オス、メス、それぞれ特有の病気があります。生殖器で起こるので、あらかじめ
去勢と避妊手術をすることで予防できます。

しきゅうちくのうしょう
子宮蓄膿症

原因と症状

避妊手術をしていない、6歳過ぎのメスの偽妊娠の時期に多発。子宮内に細菌が入り、膿やガスがたまって膨らみ、元気と食欲がなくなり嘔吐、血膿でおしりが汚れたりします。治療が遅れると腹膜炎を起こしたり、多臓器不全で死に至ることもあります。

予防と治療

卵巣子宮摘出手術で、完治を目指したほうが安心です。高齢や持病で手術ができない場合は、抗生物質や漢方、ホルモン注射で治療することもあります。

ていりゅうせいそう
停留精巣

原因と症状

オスの精巣は、生まれたばかりのころはお腹の中にあります。生後1カ月くらいまでに陰嚢に下りてきますが、性ホルモン不足や遺伝的素因で精巣が下りずに腹腔内や鼠径部の皮下にとどまってしまうことがあり、これを停留精巣といいます。体温の環境下にあるため生殖能力を欠き、腫瘍化しやすいといわれています。

予防と治療

ワクチンや健診時に獣医さんに診てもらいます。去勢手術で治療、予防をします。

早期発見したい腫瘍（がん）

トイプーの腫瘍の中で、多く見られるのが乳腺腫瘍と皮膚腫瘍です。高齢になるほど発生しやすくなります。

治療は外科手術、抗がん剤、分子標的薬、放射線療法、免疫療法などがありますが、持病があるとできないことも。高齢犬の飼い主さんは、緩和ケアを希望されるケースもあります。ふだんから愛犬を注意深く観察し、体表面をよくさわり、早期発見を心がけることが大切です。

乳腺腫瘍（にゅうせんしゅよう）

6歳以上のメス犬に多く、メス犬の腫瘍の50%が乳腺腫瘍といわれています。悪性の確率はそのうち50%ほどです。腫瘍が大きくなり、こすれてつぶれると痛みを伴うので気にしてなめるように。犬の状態がよければ、早期に摘出手術をして腫瘍の種類を検査します。乳腺腫瘍の発生には卵巣ホルモンが関係しているといわれ、避妊手術で予防します。

皮膚腫瘍（ひふしゅよう）

皮膚腫瘍は、ウイルス感染や紫外線などの刺激で起こります。皮膚を作るさまざまな種類の細胞からできるため、多くの種類があります。皮膚腫瘍の発生頻度は年齢とともに増え、8～10歳に好発するといわれています。手術で摘出し、腫瘍の種類を検査して治療します。

プーのQOLを高める看護と介護

病状や年齢に合ったケアをしよう

病気や加齢が進むと、以前のように生活できなくなることもあります。生活の質＝QOL（クオリティ・オブ・ライフ）を上げられるよう、そのときの状態に合わせて看護や介護をしてあげましょう。

水をこまめに飲ませる、排泄に連れ出すなど、シニアならではの気づかいたいポイントがあります。

CARE 1 水分を十分に摂らせる

病気したり、シニア犬になると、水を飲む元気がなかったり、のどの渇きに気づかず脱水症になることがあります。積極的に水分を与えましょう。

どこでも飲めるよう水飲み場を増やし、口元に水分を運んであげてもいいでしょう。フードをふやかす、ゆで野菜をトッピングする、肉や野菜をゆでたスープをかけるなどして、食事で摂れる水分量を増やすのも手です。

CARE 2 積極的に散歩する

シニア犬は散歩をやめると筋力が落ち、認知機能も低下しがちです。歩くのが難しくても、カートに乗せていって公園で少し歩かせたり、補助帯をつけて歩かせると体と心によい刺激となります。

病気やケガのときの散歩は、体調次第です。散歩して大丈夫か、診察時に獣医師に聞いておきましょう。

CARE 3 合ったフードを与える

　7歳を過ぎたら、シニア用フードに切り替えます。腎臓に負担がかかりにくい、結石が作られにくいなど、療法食のフードもあります。必要かどうかかかりつけ医に聞き、指導に従って食べさせます。

　食欲が落ちたワンコは、手づくりだとよく食べることもあります。

CARE 4 排泄をサポート

オムツは、まめに替えて清潔に！

　歩くことができれば、たいていは自力で排泄できます。外でしかできない犬は、朝、昼、夕方など排泄しそうな時間帯に連れ出してあげましょう。

　失敗が増えたら、オムツをしてもいいでしょう。まめに替え、汚れたらふいたり洗ったりして清潔を保ちます。

　寝たきりになると膀胱の圧迫や肛門の刺激による排泄介助が必要になることもあります。方法は獣医師に教わりましょう。

覚えておきたい 薬の飲ませ方

動物病院で薬を処方されたら、獣医師の指示に従って与えます。食べ物に混ぜたりして、なるべくササッと飲ませるのがポイントです。

錠剤

ひと口大の犬用チーズなど、おやつの中に仕込むと簡単に飲ませられます。フードに紛れ込ませても。

粉末

フードにかけたり、混ぜ込みます。

シロップ

ドライシロップは水に溶かし、スポイトで口の端から入れます。

ありがとう、を伝えたい旅立ちのとき

愛情をこめて過ごし、見送ろう

トイ・プードルは甘えん坊で、飼い主さんのそばにいるのが幸せという子が多いもの。病気や加齢で弱っていくのを見るのはとても辛いですが、大切な残り時間は、なるべく一緒に過ごしてあげるといいかもしれません。

看病や介護は、家族が複数人いれば協力し合いましょう。最期まで病院で治療を受けるのか、家で看取るのかも話し合っておきます。

最期のときがきたら抱っこしたりなでたりしながら、愛情と感謝を伝えましょう。飼い主さんの愛を感じながら、安らかに旅立てるでしょう。

お別れのしかた

1 旅立った体をケア

愛犬が旅立ったら、がんばった体をブラシでとき、お湯でふいて、姿勢を整えてあげましょう。安置に備えた処置は病院に相談するといいでしょう。

よくがんばったね

ありがとう

2 火葬を依頼

自治体かペット専門の葬儀社に依頼し火葬します。合同と個別プランがあります。専用のお墓に納骨したり、自宅に埋葬する場合は返骨を頼める個別プランがいいでしょう。

3 庭や霊園に埋葬

自宅に庭があれば、お骨を埋葬してもいいでしょう。ペット供養ができる霊園や、人と一緒に入れるお墓も。よく考え、しっくりくる選択肢を選びましょう。

土葬は？

自宅ならできますが、ほかの動物に掘り返されたり、においが出る心配があるので1m以上掘る必要があります。

ペットロスを乗り越える

プーとの別れは辛く、喪失感が強いかもしれません。犬の寿命は延びる傾向にあります。一緒にいる時間が長くなるほど悲しみも深くなり、「ペットロス」に陥りやすいものです。辛さ、さびしさを癒すためのヒントを紹介します。

4つの
HINT

思い切り悲しむ

元気を装ったり、無理に感情を抑えなくていいのです。思い切り泣いて悲しみ、別れを惜しむのもペットロスを乗り越える助けになります。

誰かに気持ちを話す

辛い気持ちを、家族や友人、飼い主仲間に話してみましょう。話すことで、気持ちに整理がついていきます。心理カウンセリングを受けるのもいいでしょう。

フォトブックを作る

かわいい写真をフォトブックやアルバムにまとめるのもいいでしょう。愛しい思い出がよみがえり、感謝とともに気持ちの整理がついてきます。

ペット葬で送る

葬儀を行うことで、感情にひと区切りをつけることができます。それぞれの家族なりの方法で弔いの時間を持ち、送ってあげましょう。

新たな犬を迎える

Bye
Bye

新しい犬を迎えるのも、ペットロスを乗り越えるひとつの選択肢です。

新たな犬を世話したりお散歩しながら、先代のプーとの思い出を大切にすることができるでしょう。

ペットロスを防ぐため、犬が高齢になる前にもう1頭飼う人もいます。

体の記録と健康診断で健康を管理

健康状態をメモしておこう

フードはどれくらい食べるか、食欲はあるか、尿、便の回数、状態はどうか。飼い主さんなら、だいたい把握していることでしょう。ほかにも体重や歩き方など、体調の指標になるポイントはいろいろあります。家族間で共有し、メモしておくといいでしょう。気になる変化があって受診するときに伝えると、診察の助けになります。

健康診断を受けよう

健康診断は、1歳を過ぎたら定期的に受けましょう。トイ・プードルの場合、成長スピードを考えると、1年に1回でも人間ならば4～6年に1度程度の頻度になります。特にシニアになると、関節のトラブルや心疾患など病気が増えてきます。半年に1回か、持病があれば3カ月に1回は受けて。病気があれば、早期発見できます。

健康診断の費用

日本獣医師会が平成27年に行った調査では、健康診断の平均費用は約14,000円でした。検査内容により変わるので、かかりつけの病院に聞いてみましょう。何を検査できるか、どれをするといいか、相談して決めるといいでしょう。

検査の内容

☐ **問診**
ふだんのようす、気になる点を伝える。事前にメモや動画を準備しておくといい。

☐ **視診・触診・聴診**
関節の不具合や腫瘍、心疾患、呼吸器疾患の兆候がわかる。

☐ **尿検査**
膀胱の病気、腎臓病の発見に役立つ。

☐ **便検査**
消化の状態や寄生虫の有無がわかる。

☐ **血液検査**
少しの採血で、腎臓、肝臓の機能や貧血、感染症の有無などさまざまな情報がわかる。希望があればワクチンの抗体価やアレルギーの検査などもできる。

☐ **エコー**（超音波検査）
腫瘍の有無や結石、異物の有無、胃腸の動き、心臓の血流などがわかる。センサーを当てるだけなので、体への負担が少ない。

☐ **レントゲン検査**
関節や骨、心臓、呼吸器など内臓の異常、腫瘍の有無などがわかる。

協力リスト

（順不同・敬称略）

取材／撮影協力（カットスタイル、からだのお手入れについて）

- **SJDドッググルーミングスクール**　sjd.co.jp
  - 鈴木雅実
  - 川原田ゆみ
  - 落合 栞　加藤穂香

写真協力（カットスタイル）

- Lumiere Douce　西村真由美
- DogSalonChai　小淵 愛
- トリミングサロン PAWPAW　金沢朱玲
- PetSalonTOCOTOCO　阿久津久美子
- Posh Puppies　坪山明子
- MerryDog　たむら
- Dogsalon modee　髙森菜奈
- 株式会社フィゴー　松木啓子
- ドッグサロンミルクチョコレート　明間歩佳
- Dog salon nongul　中村朱理
- マリドックサロン　金 珠和
- dog lounge Wabs　古谷 傑
- オーガニックサロンミミィフォーペッツ　宇賀田 薫　岩永 岬

撮影にご協力いただいたワンちゃんたち

- 青木あんず
- 大石マメ
- 小野むさし
- 大和田涼
- 佐藤クッキー
- 佐藤リク
- 杉本あんず
- 高木カンナ
- 中村メイ
- 松尾チョコ
- 吉村星来

■ 参考文献

『いちばんよくわかる！　犬の飼い方・暮らし方』
青沼陽子／加治のぶえ・監修（成美堂出版）

『トイ・プードルの飼い方・しつけ方』松本啓子／
青沼陽子／木村理恵子・監修（成美堂出版）

『愛されトリミング＆ペット・カット』鈴木雅実・
著（緑書房）

■ 参考ウェブサイト

一般社団法人 ジャパンケネルクラブ　jkc.or.jp

STAFF

- 構成　　　鈴木麻子（GARDEN）／佐藤麻岐
- 写真　　　中村宣一
- イラスト　千原櫻子／エダりつこ（Palmy-studio）
- デザイン　清水良子　馬場紅子（R-coco）

監修者紹介

青沼陽子
（あおぬま ようこ）

東小金井ペット・クリニック院長
獣医師／獣医中医師

酪農学園大学獣医学部卒業。
日本獣医中医薬学院卒業。従来の獣医療に加え、鍼灸や漢方など自然治癒力を高める代替療法を積極的に取り入れた治療に取り組んでいる。クリニックでは中学生の職場体験の受け入れ、小学校での動物ふれあい授業なども積極的に行い、地域に貢献。
愛犬・ワイアー・フォックス・テリアのチカブは加治先生に師事。おりこうワンちゃん目指して今日も元気に野川公園を走り回っています。
監修書「いちばんよくわかる！ 犬の飼い方・暮らし方」「いちばんよくわかる！ インコの飼い方・暮らし方」（成美堂出版）ほか多数。

加治のぶえ
（かじ のぶえ）

Dog training & Care
おりこうワンちゃん主宰

犬にやさしい英国式ドッグトレーニングを学ぶ。英国での犬と人との付き合い方に感銘を受け、2度にわたり渡英。英国APDT公認メンバー、リン・バーバー氏に師事し、Our-Wayメソッドを習得。ディプロマ取得。教育だけでなく、グルーミングやドッグマッサージ、栄養面からの犬の健康に関する知識も深め、飼い主さんのさまざまな悩みに寄り添うトータルサポーターとして活動中。常に新しい知見を得るため、動物行動学、栄養学、解剖学などの探究を続けている。
愛犬ジョアンは、多頭飼育崩壊の現場から保護された、多様性のかたまりのようなミックス犬。特技はマクラの占領。監修書「いちばんよくわかる！ 犬の飼い方・暮らし方」（成美堂出版）。

● 本書に掲載する情報は 2023 年 6 月現在のものです。
● 本書掲載の商品等は、仕様が変更になったり、販売を終了する可能性があります。

いちばんよくわかる! トイ・プードルの飼い方・暮らし方

監 修	青沼陽子　加治のぶえ
発行者	深見公子
発行所	成美堂出版
	〒162-8445　東京都新宿区新小川町1-7
	電話(03)5206-8151　FAX(03)5206-8159
印 刷	広研印刷株式会社

©SEIBIDO SHUPPAN 2023 PRINTED IN JAPAN
ISBN978-4-415-33301-4